中华传统文化普及丛书

U0388632

中国算学浅话

三喜题

北京尚达德国际文化发展中心　组编

中国人民大学出版社

·北京·

中华传统文化普及丛书

总　序

感谢"中华传统文化普及丛书"的出版！它以历史巨人的眼光俯视古今，这对于复兴中华、古为今用是功不可没的。

本套丛书包蕴广博、涉猎天下。

首先，历史是一面宝鉴，它以独特的真实照耀古今，从而清晰地记录了人类的文明。

中华文明历经数千载，以德风化育子孙，高度认可人类文明的血缘性。以"孝亲敬贤"为核心的民俗，流成永恒的智慧清泉，润泽着后人的心田。

中华文明世代相传，骨肉亲情诞生了仁德的孝亲制度，使中国成为礼仪之邦，友善外交也在历代传承不断。今日中国"一带一路"的外交国策不也充满了我们与邻邦之间互助、友爱的仁德之善吗？

当科技文明的新潮涌来时，人人皆知上有天文，世用医道，农田城建、数据运算，何处不"工匠"？本套丛书溯本追源，力述大国工匠的初心，向今人展示中华科技成就的璀璨，弘扬科技创造，鼓舞万众创新，以实事求是的精神推动社会生产力的发展。

中华民族是龙的传人，早在中华文明的摇篮期就孕育了"美丽中国梦"。在先祖博弈大自然时，就出现了原始文化群体。既有夸父逐日之神，也有女娲补天之圣。古人在希望与奋斗中，唤起人类生存的能量，充满了胜利与光明。这不正是民族自信的理想之光？

"天行健，君子以自强不息"的积极精神引导着"中国模式"的当代实践，正是"美丽中国梦"的千古传薪！

自信与创新是"梦"之真魂。中国汉字、文学、书法、绘画、音乐等，

也都在承前启后，以百花盛开之势，铸魂"中国梦"。

春秋战国时期，诸子蜂起，百家争鸣，先哲们各有经典问世，成就了中华信仰文明——儒、道、兵、法等家，后有佛教传入，皆为中华信仰及思想之根。

人民是历史的主人，中华文化是中华各族人民共同创造的。纵观历史，不忘初心，继续前进。感谢各位专家奉献各自的智慧，普及中华传统文化的精华，造福读者。感谢编委们历尽辛劳，使群英荟萃，各显其能。

本套丛书尊重历史，古为今用；内容丰富，深入浅出。有信仰经典之正，有文韬武略之本，有科技百花之丰，有人文艺术之富，"正本丰富"可谓本套丛书的编写风格。

祝愿读者在"中华传统文化普及丛书"中，取用所需，传播社会，在世界文明的海洋中远航，使中华芬芳香满世界。

编写说明

中国是四大文明古国之一，我们的祖先创造了辉煌而丰富的文化，无论是文学艺术还是科学技术，其文明成果至今都令世人惊叹不已。英国著名历史学家汤因比曾经说过："世界的未来在中国，人类的出路在中国文明。"中华民族数千年来积累的灿烂文化，积淀着中华民族最深沉的精神追求，是中华民族生生不息、发展壮大的丰富滋养，亦是我们取之不尽、用之不竭的思想宝库。

让广大青少年在轻松愉悦的阅读中获得传统文化的滋养，以此逐渐培养他们对中华优秀传统文化的自信心、敬畏心，为国家未来的主人公们奠定创新的基石，是我们的夙愿。为了让读者尤其是广大青少年能有机会较为系统地了解璀璨的中华文明，感受中华民族文化内涵的博大精深，我们特邀数十位相关领域的权威专家、学者为指导，编写了这套"中华传统文化普及丛书"。

本套丛书包括《中国思想浅话》《中国汉字浅话》《中国医学浅话》《中国武术浅话》《中国文学浅话》《中国绘画浅话》《中国书法浅话》《中国建筑浅话》《中国音乐浅话》《中国民俗浅话》《中国服饰浅话》《中国茶文化浅话》《中国算学浅话》《中国天文浅话》，共十四部。每一部都深入浅出地展现了中华传统文化的一个方面，总体上每一部又都是一个基本完整的文化体系。当然，中华文化源远流长、广博丰富，本套丛书无法面面俱到，更因篇幅所限，亦不能将所涉及的各文化体系之点与面一一尽述。

本套丛书以全新的视角诠释经典，力图将厚重的中华传统文化宝藏以浅显、轻松、生动的方式呈现出来，既化繁为简，寓教于乐，也传递了知识，同时还避免了枯燥乏味的说教和令人望而生畏的精深阐

释。为增强本套丛书的知识性与趣味性，本套丛书还在正文中穿插了知识链接、延伸阅读等小栏目，尽可能给予读者更丰富的视角和看点。为更直观地展示中华文化的伟大，本套丛书精选了大量精美的图片，包括人物画像、文物照片、山川风光、复原图、故事漫画等，既是文本内容的补充，也是文本内容的延伸，图文并茂，共同凸显中华文化各个方面的历史底蕴、深厚内涵，既充分照顾了现代读者的阅读习惯，又给读者带来了审美享受与精神熏陶。

文化是一个极广泛的概念，一直在发展充实，多元多面、错综复杂。本套丛书力求通过生动活泼的文字、精美丰富的图片、精致而富有内涵的版面设计，以及富有意蕴的水墨风格的装帧等多种要素的结合，将中华传统文化中璀璨辉煌的诸多方面立体地呈现在读者面前。希望让读者在轻松阅读的同时，从新视角、新层面了解、认识中华传统文化，以增强文化自信；同时启迪思考，推动我们中华优秀传统文化的传承、复兴和创新发展。

前　言

数学（mathematics）是研究现实世界中数量关系和空间形式的科学，在我国古代通常称为"算术"或"算学"，包含今日所说的算术、代数、几何等方面的内容。

中国数学萌芽于原始社会，先民逐渐学会以打绳结的方式记数，并创造出用于画圆和画方的工具"规"和"矩"。自此以后，漫漫数千年，华夏大地上涌现出无数值得赞颂的数学家和辉煌的数学成就。你可知道，古人曾采用怎样的巧妙方法去测量太阳的高度？你可知道，祖冲之是运用哪位前辈的理论将圆周率精确到 8 位有效数字的？你可知道，"韩信点兵"的故事中究竟隐含着什么数学秘密？

数学是一门能够开发智力的学科。阅读本书时，请你深入地思考、耐心地演算，在历经思维的曲折而终于豁然贯通之后，相信你必定能够感受到中国传统数学的无穷妙趣和巨大魅力。

下面是明代数学家王文素的《集算诗（其五）》，送给读者，勉之！

莫言算学理难明，旦夕蹉磨可致通。

广聚细流成巨海，久封抔土积高陵。

肯加百倍功夫满，自晓千般法术精。

忆昔曾参传圣道，亦由勉进得其宗。

目　录

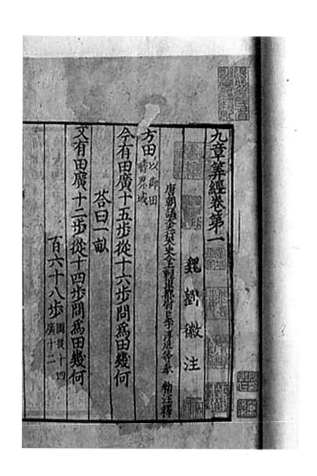

第一章 数学工具

一、规和矩

中国有句古话"没有规矩，何以成方圆？"（或"没有规矩不成方圆"），生活中，我们从小到大也常会听到长辈们要我们"懂规矩""守规矩"或"要规规矩矩的"等。这里的"规矩"有"法度""规范"之意，

> 孟子曰："离娄之明，公输子之巧，不以规矩，不能成方圆。"意思是说，即使像离朱（传说中一位目力极强的人）那样明察秋毫、鲁班那样技巧超群，如果不用规和矩，也不能准确地画出方和圆。孟子的这句名言在后世就演变成了本文开头的那句话："没有规矩，何以成方圆？"

而这些含义都来自中国古代的两种数学工具：规和矩。规，即圆规，用于画圆；矩，为折成直角的曲尺，用于画方。规和矩代表了中国古代数学空间形式研究的开端。

规、矩的起源很早，关于它们的产生有不同的说法：有的说是黄帝时的巧匠倕（chuí）创造了规、矩；也有的将规、矩的发明追溯到中华民族的始祖伏羲，例如在山东嘉祥汉代武梁祠和新疆阿斯塔那唐墓，都发现有伏羲手执规、女娲手持矩的古代图画。不管是哪种说法，

伏羲执矩、女娲执规图

都记述了一个史实，那就是：中国古人早在远古时代就已经开始使用规和矩这两种工具来进行绘制和测算了。

规、矩的应用十分广泛，绘制图形，测算物体的高、深、广、远等都离不开它。《史记》记载，大禹治水时，他左手持准绳，右手执规、矩，进行水利工程测量，才完成了治水使命。古代匠人在检验车轮是否合格时，也用规、矩校准轮子是否为正圆、轮面是否平正等。魏晋时期的大数学家刘徽说："亦犹规矩度量可得而共"，将规矩引申为事物的空间形式，并概括了中国古代数学几何与算术、代数相结合的特点。

二、算筹

算筹，又称"筹（suàn）""算子""筹策"等，它于什么时候产生已不可考，其记载最先见于春秋时期的《老子》。算筹是一根根用于计算的长条形小棍子，粗细相同，长度稍异，一般由竹子或兽骨制成，个别豪华精美的还会选用金银、象牙等贵重材料。

西汉象牙算筹

根据《汉书》的记载，算筹"径一分，长六寸"（直径 0.23cm，长 13.8cm），截面为圆形。后来随着数学的发展，算筹长度变短，东汉时已缩短到 9cm 左右，截面也改为不易滚动的方形。负数产生后，常用红筹表示正数，黑筹表示负数；有时也将算筹斜向摆放以表示负数。在宋元算书算草中，常见末位有效数字上画着一道斜线，用以表示此数为负数。

算筹记数分为纵式和横式两种方式：

纵式：丨 丨丨 丨丨丨 丨丨丨丨 丨丨丨丨丨 丅 丅 丅 丅

横式：一 二 三 三 三 ⊥ ⊥ ⊥ ⊥

1 2 3 4 5 6 7 8 9

算筹纵横交错可以很方便地表示任意的自然数，也就是个位数字要用纵式表示，与之相邻的十位数字用横式表示，百位、万位数字用纵式表示，千位、十万位数字用横式表示，这样纵横相间地排布下去……《算学启蒙总括》中的口诀说得好："一纵十横，百立千僵（卧倒的意思）。千十相望，万百相当。"例如，5 732用算筹可表示为

三 丅 三 丨丨 。

当数字中有一位为0时，此时用空位表示，如5 702用算筹表示为

三 丅 丨丨 ，十位上空置，不放算筹。可以看出，由于布置算筹时遵守纵横相间的规则，很容易辨别出两个数目间是否存在空位。

古代算筹不仅是日常生活中不可缺少的计算工具，也是上等阶层身份地位的一种象征，历朝都规定一定品级之上的官员必须要随身佩戴装算筹的算袋。传说秦始皇有一次去东海巡游，一不小心将算袋掉进了海里，这个算袋在后来就化成了墨鱼。因此，至今东南沿海的有些渔民仍然称墨鱼为算袋鱼。

算筹记数采用十进位值制记数法，这是当时世界上最先进的记数制度，包括十进位和位值制两条原则："十进"即满十进一；"位值"指同一个数字处在不同的位置上所表示的数值也不同，就如先秦典籍《墨经》中所说："一少于二而多于五，说在建位"，即1在个位上表示1，故小于2，而当它处于十位上则表示10，比5要大。这种记

第一章 数学工具

3

数法使得复杂的整数表示和演算变得简便易行，对于中国数学的发展影响极为深远。

使用算筹计算，叫做筹算。筹算的加减法较为容易，古代算经中未记载。《孙子算经》记载的乘法计算步骤为：

（1）二数相乘时，先用算筹布置一数于上行，另一数于下行（古代没有被乘数和乘数的叫法），中间一行用于布置乘积。将下行的数向左移动，使下数的末位和上数的首位对齐。

（2）以上数首位数自左向右地乘下数各位，将所得数布置于中间一行，并且将后得的乘积依次加到之前已得的数上。上数的首位乘完下数各位后，去掉，将下数向右移一位。

（3）以上数的第二位乘下数各位，将乘积加到中间一行已得的积中。如此继续下去，直到上数各位一一去掉，中间一行所得的数就是二数的乘积。

例如，81×81 的筹算过程为：

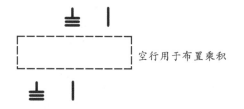

空行用于布置乘积

81×81＝？

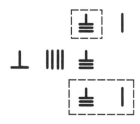

先以上位的 80 乘下位的 81，即
80×81=80×80+80×1=6 480，
放在中间一行。

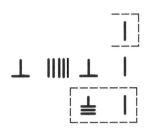

退至下位，并将上位的80去掉，1×81=81，加到中间一行，最后得到的结果为6 561。

算筹在我国沿用了数千年，中国古代数学所取得的辉煌成就几乎都是借助于算筹完成的。直到后来，人们在算筹的基础上发明了更加先进的珠算盘，它才逐渐"功成身退"，成为博物馆中引人遐想的古老器物。

三、珠算盘

唐代中叶以后，随着商业的发展，人们不断改进筹算，创造出许多捷算法，并利用汉字单音节的特点，编成许多口诀，以致摆弄算筹的速度跟不上念出的口诀。人们迫切地需要一种更为便捷、快速的计算工具，此时，珠算盘应运而生。

但珠算盘具体什么时候产生，学术界争论很大。南宋画家刘松年的《茗园赌市图》中的珠算盘的算珠、档都很清晰，可见，珠算盘在民间已被广泛使用。元末明初学者陶宗仪的笔记《南村辍耕录》中，还记载着这样一段关于算盘珠的妙语："凡纳婢仆，初来时，曰擂盘珠，言不拨自动。稍久，曰算盘珠，言拨之则动。既久，曰佛顶珠，言终日凝然，虽拨亦不动。"意思就是说刚刚来的仆人都十分殷勤，就像擂盘珠一样不拨自动；时间稍久，则怠慢一些了，需要主人发话才会起身做事，就像算盘珠一样用手拨才会动；后来，则愈加行为懒散，整日呆坐，甚至在主人下命令时也毫不在意，就像佛顶珠一样，即使

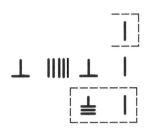

中
国
算
学
浅
话

南宋画家刘松年的《茗园赌市图》

用手拨也不会动。

明朝时，大量关于珠算的专门著作犹如雨后春笋，各种珠算算法迅速发展，珠算盘彻底取代了算筹的主流地位。到明末清初时，数学家们已经完全不懂筹算了。1713 年，清朝的一位官员到朝鲜进行土地测量，当看到朝鲜数学家使用算筹计算的情景时，不禁大为惊叹："中国无此算子，可得夸中国乎？"随即向其要了 40 根算筹作为纪念。

明清和民国时期，珠算盘一直是人们日常生活中不可或缺的工具。

珠算盘

甚至在新中国成立以后，除日常买卖外，珠算盘在某些需要大量精算的领域也时常大显身手。其中最为著名的例子是，在 20 世纪 60 年代，我国开始自主研发第一颗原子弹，当时只有一台计算机，置于上海，只有一些超级复杂的计算才可以由计算组编程后再拿去上海计算，其他大量的运算都需要珠算盘的辅助才能实现。为了应付这庞大的计算工作，当时出现了一大批珠算高手集中在研发原子弹基地的食堂大厅演算数据的场面，相当震撼。

2013 年 12 月，中国的珠算正式被联合国教科文组织列为人类非物质文化遗产名录，"珠算"这一逐渐陌生的词汇再次受到了人们的关注。

1972 年，周恩来总理在北京人民大会堂西大厅接见来访的美籍华人物理学家、诺贝尔物理学奖获得者李政道博士及其夫人。在交谈过程中，周恩来总理询问了美国有关计算机的发展情况，李政道回答了有关问话后说："我们中国的祖先很早就创造了最好的计算机，这就是到现在还在使用的算盘。"这句话引起了周总理的共鸣，他立刻向在座的中央有关同志嘱咐说："要告诉下面，不要把算盘丢掉，猴子吃桃子最危险！"

第二章 辉煌成就

一、数系的扩充——分数和小数

在实际生活中，物品的数量不可能都是整数，此时出现的奇零部分就需要用分数来表示。中华民族是世界上使用分数最早的民族之一，《数》《算数书》等秦汉数学简牍和《九章算术》在世界数学史上第一次建立了完整的分数四则运算法则。

古代数学家们很早就用公约数约分子、分母，从而使一个分数简化。《九章算术》"方田"章给出了约分的程序："术曰：可半者半之。不可半者，副置分母、子之数，以少减多，更相减损，求其等也。以等数约之。"即若分子、分母能同时被 2 整除，则先被 2 除；若不能被 2 整除，则在旁边使分子、分母辗转相减，得到其最大公约数，以此约之。例如，化简分数 $\frac{49}{91}$ ，先通过更相减损：

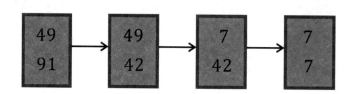

求出 7 作为等数（即最大公约数），约简分母、分子即可。

古人将分数的加法称为"合分"，分数减法称为"减分"，其法则可表示为： $\frac{a}{b} \pm \frac{c}{d} = \frac{ad}{bd} \pm \frac{cb}{db} = \frac{ad \pm cb}{bd}$ 。这里用到通分，但古人并未将最小公倍数作为分母。

分数乘法称为"乘分"，法则为：$\dfrac{a}{b} \times \dfrac{c}{d} = \dfrac{ac}{bd}$，与今天没有区别。分数除法称为"经分"，方法有两种：一种为先通分后分子相除，

即：$\dfrac{a}{b} \div \dfrac{c}{d} = \dfrac{ad}{bd} \div \dfrac{cb}{db} = ad \div cb = \dfrac{ad}{cb}$；另一种为颠倒相乘法，即：

$\dfrac{a}{b} \div \dfrac{c}{d} = \dfrac{a}{b} \times \dfrac{d}{c} = \dfrac{ad}{bc}$。

下面来看一道有趣的分数应用题：

以碗知僧

巍巍古寺在山中，不知寺内几多僧。

三百六十四只碗，恰合用尽不差争。

三人共食一碗饭，四人共进一碗羹。

请问先生能算者，都来寺内几多僧。

已知 3 个人共用一碗饭，4 个人共用一碗汤，共用 364 只碗。算法为：$364 \div (\dfrac{1}{3} + \dfrac{1}{4})$=624 位僧人。"以碗知僧"出自明代程大位的《算法统宗》，大约南北朝时期的《孙子算经》和《张丘建算经》中也有与此相似的题目。

中国同样是世界上最先使用小数的国家。相较于分数，小数的产生要迟得多。魏晋数学家刘徽在开方不尽时提出用十进分数逼近无理根，十进小数的萌芽初步显现。唐代中叶以后，由于商业的需要，十进小数进一步发展，例如，此时成书的赝本《夏侯阳算经》便将绢 1525 匹 3 丈 7 尺 5 寸，表示为 1525 匹 9375（1 匹 =4 丈）。到宋金元时期，十进小数走向成熟，南宋数学家秦九韶等将 1863.2 寸表示成 $1863\overset{2}{\underset{\text{寸}}{}}$，这种记法与现今已基本相同。西方的斯台汶直到 1585 年才提出十进小数的概念，并且记法远不如唐宋时的中国。

二、古老的"万能算法"——盈不足术

《数》《算数书》等秦汉数学简牍和《九章算术》，曾经提出过一种简便、巧妙的"万能算法"，一切的算术问题，不管它属于哪种类型，统统可以用"万能算法"来解决，这种算法古人称为"盈不足术"，也称"赢不足"。

盈，就是盈余；不足，也称为"朒（nù）"，就是缺少。盈不足术的提出，源于这样一类典型问题：一群人共同买一件物品，如果每人出钱 a_1，盈余的钱为 b_1；如果每人出钱 a_2，缺少的钱为 b_2。请问人数 u 和物价 v 各是多少？

《九章算术》的术文给出了这种盈亏类问题的解法，用现代数学语言可概括如下：

每人应出的恰好不盈也不亏的钱数：

$$\frac{v}{u} = \frac{a_1 b_2 + a_2 b_1}{b_1 + b_2} \qquad (1)$$

所求人数：

$$u = \frac{b_1 + b_2}{|a_1 - a_2|} \qquad (2)$$

物价：

$$v = \frac{a_1 b_2 + a_2 b_1}{|a_1 - a_2|} \qquad (3)$$

《九章算术》"盈不足"章第二道例题："今有共买鸡，人出九，盈一十一。人出六，不足十六。问人数、鸡价各几何。"

根据题意，$a_1 = 9$，$b_1 = 11$；$a_2 = 6$，$b_2 = 16$，代入到公式（2）、（3）中，计算得：人数 $u = 9$，鸡价 $v = 70$。

又有这样一种情况："今有共买羊，人出五，不足四十五。人出七，不足三。问人数、羊价各几何。"此时，已经由原来的"盈不足"

问题变成了"两不足"问题。在这种情况下,我们可以这样理解,将题干中"不足45"看做"盈-45",这样一来,前面给出的盈不足术公式仍然能够使用。

根据题意,$a_1=5$,$b_1=-45$;$a_2=7$,$b_2=3$代入到公式(2)、(3)中,计算得:人数$u=21$,羊价$v=150$。

类似的:"今有共买犬,人出五,不足九十。人出五十,适足。问人数、犬价各几何。"这种情况叫做"不足适足"。所谓的"适足",就是恰好足够,既不盈余也不缺少,可以将其看做"盈0"或"不足0",然后应用盈不足术公式求解。同样,盈不足术还可以解决"两盈"或"盈适足"类问题,只要在代入公式前稍做处理即可。

看起来,盈不足术不过是盈亏类问题的专属解法罢了,怎么能够称作"万能算法"呢?通常,当我们面对一个算术难题时,要根据题目中已知条件进行分析,确定题目的类型及要用的具体解法,然后逐步推算出所求的答案。但这在解题能力较低的古代并不是一件容易的事。聪明的古人认识到:任意假定一个数值作为这个算术问题的答数,代入原题验算,如果验算所得的结果恰好和题中表示这个结果的已知数相等,那么非常幸运,这个答案碰巧被猜出来了;但是绝大多数情况是,验算得出的结果和题中的已知数并不相符,要么是盈余一定数量,要么是不足一定数量。这样一来,通过两次不同的假设,无论此前面对的是怎样的一种算术难题,都能够将它改造成一个盈亏类问题,最终利用盈不足术公式进行求解。

先看这样一个简单的例题:"今有醇酒(美酒)一斗,值钱五十。行酒(劣酒)一斗,值钱一十。今将钱三十,得酒二斗。问醇、行酒各得几何。"

首先,假设醇酒是5升,则行酒为 $20-5=15$(升)。共值钱

5×5+15×1=40，与题目中的 30 钱相比盈余 10 钱；其次，假设醇酒有 2 升，则行酒有 20-2=18（升），共值钱 2×5+18×1=28，与 30 钱相比不足 2 钱。

那么，用盈不足术公式解此题，代入公式（1）：

$$醇酒升数 = \frac{a_1 b_2 + a_2 b_1}{b_1 + b_2} = \frac{5 \times 2 + 2 \times 10}{2 + 10} = 2\frac{1}{2}$$

所以，行酒升数为 $20 - 2\frac{1}{2} = 17\frac{1}{2}$。

油漆混合问题：已知漆 3 份可以换来油 4 份，油 4 份可以调和漆 5 份。现有漆 3 斗，想拿出一部分用于换油，使换得的油恰好能调和剩余的漆。问：用于换油的漆、要调和的漆各是多少？

假设用于换油的漆为 9 升，则换得油 12 升，可调和漆 15 升，30-(9+15)=6，不足 6 升；又假设用于换油的漆为 12 升，则换得油 16 升，可调和漆 20 升，(12+20)-30=2，盈余 2 升。

代入盈不足术公式（1）：

$$用于换油的漆的升数 = \frac{12 \times 6 + 9 \times 2}{2 + 6} = 11\frac{1}{4}$$

即换油的漆为 $11\frac{1}{4}$ 升，调和的漆为 $18\frac{3}{4}$ 升。

一道混合分配问题，用盈不足术就很简单地被解决了。

再来看下面这道有趣的问题：

今有一堵 5 尺厚的墙，两只老鼠从墙的里外两边相对打洞。大老鼠每天能够刨开 1 尺，小老鼠每天也能刨开 1 尺。但是大老鼠每天的打洞速度加倍，而小老鼠的速度减半。问：两只老鼠在哪一天能够相遇？相遇时它们各打洞多远？

按照常规思路，可以建立一个方程式求解。

设大老鼠和小老鼠在 x 天后相逢，由已知得：

大老鼠打洞的路程为：$1 + 2 + 4 + \cdots + 2^x$

小老鼠打洞的路程为：$1 + \dfrac{1}{2} + \dfrac{1}{4} + \cdots + \dfrac{1}{2^x}$

列出方程式：

$$1 + 2 + 4 + \cdots + 2^x + 1 + \frac{1}{2} + \frac{1}{4} + \cdots + \frac{1}{2^x} = 5$$

此时，若要求得最终的解，不仅要计算出两个等比数列的和，还必须求解指数方程。可是，古代人们还不具备这样的解题能力。怎么办呢？

从第 2 项起，每一项与前一项的比都是一个常数，这样的数列叫做等比数列。例如，大老鼠每日打洞的数列为 1，2，4…2^x，其首项为 1，每一项与前一项的比都是 2，称作公比。等比数列的前 n 项和公式为 $S_n = \dfrac{a_1(1-q^n)}{1-q}$ $(q \neq 1)$，其中 a_1 为首项，q 为公比。

《九章算术》给出的解法是：

假设两只老鼠打洞 2 天，则 $(1+2)+(1+\frac{1}{2})=4\frac{1}{2}$ 尺，还差 $\frac{1}{2}$ 尺就可以将墙打穿。

假设两只老鼠打洞 3 天，则 $(1+2+4)+(1+\frac{1}{2}+\frac{1}{4})=8\frac{3}{4}$ 尺，这时已经多出 $3\frac{3}{4}$ 尺。

代入盈不足术公式（1）：

$$两只老鼠相遇的天数 = \frac{2 \times 3\frac{3}{4} + 3 \times \frac{1}{2}}{3\frac{3}{4} + \frac{1}{2}} = 2\frac{2}{17}$$

求出结果：

大老鼠打洞：$1 + 2 + 4 \times \frac{2}{17} = 3\frac{8}{17}$（尺）

小老鼠打洞：$1 + \frac{1}{2} + \frac{1}{4} \times \frac{2}{17} = 1\frac{9}{17}$（尺）

这个求解过程巧妙、清晰、简洁，但因为它不是一个线性问题，因而是不精确的。

盈不足术实际上是一种线性插值法，设 $f(x)$ 是一个在区间 $a_1 \leqslant x \leqslant a_2$ 上的单调连续函数，$f(a_1)=b_1$，$f(a_2)=-b_2$，$f(a_1)$、$f(a_2)$ 正负相反。

见图 2-1，应用盈不足术解决算术难题，从本质来讲，就是已知 P_1、P_2 两点的坐标（横坐标为所出数，纵坐标为盈余数），试图用直线 P_1P_2 与 X 轴的截距 OK 的值（恰好不盈也不亏的数目）来估算函数 $f(x)=0$ 的根。当 $f(x)$ 为线性函数（一次函数）时，它在平面直角坐标系上的轨迹与直线 P_1P_2 完全重合，$f(x)=0$ 的根等于 OK 的值——运用盈不足术能够求出精确解。然而，当 $f(x)$ 为非线性函数时，它是一条

经过 P_1、P_2 两点的曲线，与 X 轴交于点 L，尽管 $f(x)=0$ 的根与 OK 的值比较接近，但二者并不相等——运用盈不足术只能求出近似解。像我们上文介绍的"人共买物""油漆混合"等问题，都属于线性问题，用盈不足术求出的答案就是精确解；而对"二鼠穿垣"这种非线性问题，用盈不足术只能求出近似解。

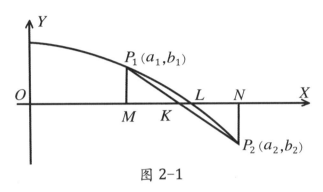

图 2-1

如今看来，这种"万能算法"在很多时候是略显粗疏的，但在面对一些复杂的问题时，运用盈不足术来解决，其优点仍然是十分明显的，甚至在高等数学领域，我们也时常能够见到它的身影。此外，值得一提的是，盈不足术后来传入阿拉伯和西方国家，在很长的历史时期内是他们解决算术难题的主要方法。

三、最古老的线性方程组解法——方程术

请看下式：

$$\begin{cases} a_{11}x_1 + a_{12}x_2 + \cdots + a_{1n}x_n = b_1 \\ a_{21}x_1 + a_{22}x_2 + \cdots + a_{2n}x_n = b_2 \\ \vdots \qquad\quad \vdots \qquad\qquad\quad \vdots \qquad \vdots \\ a_{m1}x_1 + a_{m2}x_2 + \cdots + a_{mn}x_n = b_m \end{cases}$$

类似上式（其中的 a_{11}，a_{12} 及 b_1，b_2 等是已知的常数，而 x_1，x_2…则是要求的未知数），每个方程式的未知数的幂次都是 1 的方程组，称为线性方程组，又称一次方程组。

如今，在高等数学领域，对于线性方程组问题通常会做如下处理：将其系数分离出来，排列成矩形的数阵，我们称为矩阵，它在线性方程组的研究中扮演着极其重要的角色。

线性方程组的系数矩阵为：

$$
\begin{bmatrix}
a_{11} & a_{12} & \cdots & a_{1n} \\
a_{21} & a_{22} & \cdots & a_{2n} \\
\vdots & \vdots & & \vdots \\
a_{m1} & a_{m2} & \cdots & a_{mn}
\end{bmatrix}
$$

如果把方程右边的常数也对应写进去，则得到了一个线性方程组的增广矩阵：

$$
\begin{bmatrix}
a_{11} & a_{12} & \cdots & a_{1n} & b_1 \\
a_{21} & a_{22} & \cdots & a_{2n} & b_2 \\
\vdots & \vdots & & \vdots & \vdots \\
a_{m1} & a_{m2} & \cdots & a_{mn} & b_m
\end{bmatrix}
$$

我们以《九章算术》的一道实际应用问题为例：

今有 3 捆上等谷穗，2 捆中等谷穗，1 捆下等谷穗，共收获 39 斗谷子；2 捆上等谷穗，3 捆中等谷穗，1 捆下等谷穗，共收获 34 斗谷子；1 捆上等谷穗，2 捆中等谷穗，3 捆下等谷穗，共收获 26 斗谷子。问：1 捆上等谷穗、1 捆中等谷穗、1 捆下等谷穗各收获多少谷子？

根据题意，设 x、y、z 分别表示上等、中等、下等三种谷穗 1 捆

能收获的谷子数量，可以列出一个三元一次方程组：

$$\begin{cases} 3x+2y+z=39 & （1） \\ 2x+3y+z=34 & （2） \\ x+2y+3z=26 & （3） \end{cases}$$

将方程组写成矩阵形式进行求解：

$$\begin{bmatrix} 3 & 2 & 1 & 39 \\ 2 & 3 & 1 & 34 \\ 1 & 2 & 3 & 26 \end{bmatrix}$$

第二行乘以第一行首列数字 3：

$$\begin{bmatrix} 3 & 2 & 1 & 39 \\ 6 & 9 & 3 & 102 \\ 1 & 2 & 3 & 26 \end{bmatrix}$$

第二行连续两次减去第一行：

$$\begin{bmatrix} 3 & 2 & 1 & 39 \\ 0 & 5 & 1 & 24 \\ 1 & 2 & 3 & 26 \end{bmatrix}$$

第三行乘以第一行首位数字 3：

$$\begin{bmatrix} 3 & 2 & 1 & 39 \\ 0 & 5 & 1 & 24 \\ 3 & 6 & 9 & 78 \end{bmatrix}$$

第三行减去第一行：

$$\begin{bmatrix} 3 & 2 & 1 & 39 \\ 0 & 5 & 1 & 24 \\ 0 & 4 & 8 & 39 \end{bmatrix}$$

第三行乘以第二行第二列数字 5：

$$\begin{bmatrix} 3 & 2 & 1 & 39 \\ 0 & 5 & 1 & 24 \\ 0 & 20 & 40 & 195 \end{bmatrix}$$

第三行连续 4 次减去第二行：

$$\begin{bmatrix} 3 & 2 & 1 & 39 \\ 0 & 5 & 1 & 24 \\ 0 & 0 & 36 & 99 \end{bmatrix}$$

第三行除以 9：

$$\begin{bmatrix} 3 & 2 & 1 & 39 \\ 0 & 5 & 1 & 24 \\ 0 & 0 & 4 & 11 \end{bmatrix}$$

即：

$$\begin{cases} 3x+2y+z=39 \\ 5y+z=24 \\ 4z=11 \end{cases}$$

最终矩阵可变换为：

$$\begin{bmatrix} 4 & 0 & 0 & 37 \\ 0 & 4 & 0 & 17 \\ 0 & 0 & 4 & 11 \end{bmatrix}$$

即：

$$\begin{cases} 4x=37 \\ 4y=17 \\ 4z=11 \end{cases}$$

解，得：

$$\begin{cases} x = 9\dfrac{1}{4} \\[2mm] y = 4\dfrac{1}{4} \\[2mm] z = 2\dfrac{3}{4} \end{cases}$$

以上求解过程，就是《九章算术》"方程"章的"方程术"。方，本义是"并"，在古代通常指将两条船合并起来，船头拴在一起；"程"是标准的意思。合而言之，方程就是把一组物品的一个个数量关系并列起来，求各个物品的数量标准。形象地说，一个数量关系排成一行，好像一支竹棍，把它们一行行排列起来，就成为一只竹筏，方程就是数量关系的"竹筏"。可以看出，方程的概念古今并不一致，中国古代数学中的"方程"实际上对应于如今的线性方程组，而不是一个含有未知数的等式。明清时期，人们误解了"方程"的本义，清末李善兰、华蘅（héng）芳与传教士翻译西方著作，混淆了"方程"和开方式。到 20 世纪，"方程"才逐步成为正式数学术语。

《九章算术》的方程术是世界上最早提出的最完整的线性方程组解法，其筹算程序与前面的矩阵变换几乎完全一致。也就是说，19 世纪中叶才刚刚诞生的矩阵理论，其基本雏形在两千多年前的中国古代算书中就已经具备。

我们注意到，方程术的核心步骤就是多次进行整行与整行的对减，从而逐步减少未知数的个数和方程的行数。这是中国古代极为常用的一种线性方程组解法，被称为"直除法"，现今又称作"高斯消去法"。但使用这种方法常常比较烦琐，于是，为《九章算术》作注的大数学家刘徽创造了另外一种求解线性方程组的普遍方法，叫做"互乘相消法"。例如："今有牛五，羊二，直金十两。牛二，羊五，直

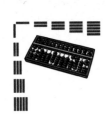

方程在直除法消元的过程中，常会遇到用小数减去大数的情况；此外，有的方程本身就含有负系数。通过这两种途径，《九章算术》引入了负数，并提出了正负数完整的加减法则："同名相除，异名相益。正无人负之，负无人正之。其异名相除，同名相益。正无人正之，负无人负之。"前四句为正负数减法法则，后四句为正负数加法法则。名，在这里表示数的符号。同名即同号，异名即不同号。除，是减的意思；益，是加的意思。中国数学中负数概念和正负数加减法则的提出，超前其他民族几个世纪甚至上千年。此外，《九章算术》虽然没有提出正负数的乘除法则，但实际上已经进行过大量正负数乘除法的运算了。

金八两。问牛、羊各直金几何。"

根据题意可列出方程：

$$\begin{cases} 5x+2y=10 \\ 2x+5y=\ 8 \end{cases}$$

相当于矩阵：

$$\begin{bmatrix} 5 & 2 & 10 \\ 2 & 5 & 8 \end{bmatrix}$$

用上行牛的系数 5 乘以下行，再用下行牛的系数 2 乘以上行，得：

$$\begin{bmatrix} 10 & 4 & 20 \\ 10 & 25 & 40 \end{bmatrix}$$

两行相减，解得：$21y=20, y=\dfrac{20}{21}$。

与直除法相比，互乘相消法更为优越。但是在刘徽之后，这种方法长期无人问津，直到700年后北宋数学家贾宪为《九章算术》作细草时才受到重视。后来，南宋数学家秦九韶对互乘相消法更为推崇，并对其进一步改良，完全废止了直除法，只运用互乘相消法，其运算过程与今天的算法已极为接近了。

四、平凡而巧妙——出入相补原理

你认识下面这种玩具吗？

它叫七巧板，是一种历史悠久的中国传统益智玩具，由五块勾股形（即直角三角形）、一块正方形和一块平行四边形组成。七巧板能够激发创造力，玩家用不同方法将各种板块移动、组合，不仅可以拼接出多种几何图形，还可以充分发挥想象力，拼搭出千变万化的形象图案，如动物、建筑、人形等，有趣极了！但是你可知道，这古老的玩具中还蕴含着中国古代几何学中最基本的一条原理——出入相

中国算学浅话

补原理。

摆成动物形状的七巧板

出入相补原理，古代又称作"以盈补虚"或"损广益狭"，它基于两个前提：（1）将一个图形由一处移置他处，不改变该图形的面积或体积；（2）若一个图形被分割成若干部分，则所有这些部分的面积或体积的总和等于原图形的面积或体积。

出入相补原理朴素而明显，仅凭我们日常生活中的感性认识就足以得出。然而，这条看起来平凡无奇的原理，在中国古代数学中的地位却举足轻重，是解决面积、勾股、体积等许多问题的一把金钥匙。

我们首先以勾股定理 $c^2=a^2+b^2$ 的证明为例。

中华民族是世界上最早认识和应用勾股定理的民族之一。中国古代数理天文学著作《周髀算经》，记载了西周初年数学家商高回答周公的问题时提出了勾股定理的一个特例："勾广三，股修四，径隅五"（如果直角三角形两个直角边的长是 3 和 4，那么它的斜边必然是 5，即 $3^2+4^2=5^2$）。《周髀算经》明确地提出了勾股定理："勾股各自乘，并

（就是加）之为弦实。开方除之，即弦。"用符号表示为：

$$c=\sqrt{(a^2+b^2)}$$

东汉（一说三国）数学家赵爽为《周髀算经》做注，设计出"弦图"，巧妙地运用出入相补原理完成勾股定理的证明。所谓弦图，就是一个以弦为方边的正方形，它的面积称为"弦实"（也可称为"弦幂"），如图 2-2 所示。

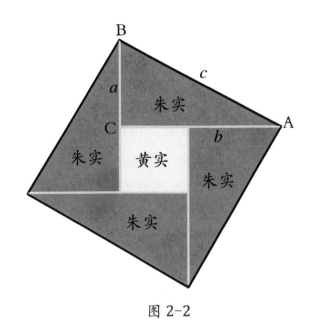

图 2-2

赵爽在弦图中做了四个相等的勾股形，各以正方形的边为弦，称为"朱实"（红色部分的面积）；图形的中央部分是一个小正方形，称为"黄实"（黄色部分的面积）。设这四个全等勾股形的勾是 a，股是 b，弦是 c，显然，小正方形的边长是 $b-a$。那么，1 个朱实的面积等于 $\frac{1}{2}ab$，4 个朱实就是 $2ab$，黄实是 $(b-a)^2$。所以：

$$c^2 = 2ab + (b-a)^2 = a^2 + b^2$$

赵爽的证明方法简捷、直观，极富创意，代数式之间的恒等关系通过几何图形的截、割、拼、补简单几步就完成证明。由此可以看

第二章 辉煌成就

2002 年在北京召开的第 24 届国际数学家大会的会标就取材于赵爽的弦图，向全世界展示了我国古代数学的成就。

出，在中国的传统数学中，数量关系与空间形式往往是形影不离地并肩发展着，"数"与"形"密切结合，几何问题也常常被归结为代数问题来解决。

《九章算术》中有一道"引葭赴岸"问题，流传很广，20 世纪多种数学读物曾引用的"印度莲花问题"，其实就是它的翻版，却晚出数百年。如图 2-3 和图 2-4 所示：有一水池，1 丈见方，一株葭（即芦苇）长在水池中央，高出水面 1 尺。把葭扯向岸边，顶端恰好与岸相

图 2-3　葭出水图

图 2-4　引葭赴岸图

齐平。问：水深、葭长各是多少？

如图 2-5 所示，令水池边长的一半为勾 a，水深为股 b，葭长为弦 c。这道题实际上就是：已知葭高于水面的长度股弦差 $c-b=1$ 尺和勾 $a=5$ 尺，求股 b、弦 c 各是多少？

《九章算术》的术文给出了公式：

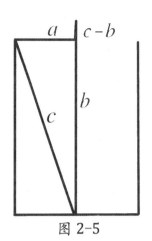

图 2-5

$$b = \frac{a^2 - (c-b)^2}{2(c-b)} \qquad (4)$$

$$c = b + (c-b) \qquad (5)$$

利用此公式，即可求出水深为 12 尺，葭长为 13 尺。

这个公式是如何推导出来的呢？为《九章算术》做注解的刘徽，是运用出入相补原理解决问题的大师，他所给出的证明过程如图 2-6 所示。

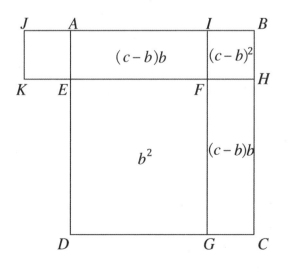

图 2-6

如图 2-6 所示，边长为 c 的正方形 $ABCD$ 称为弦幂，其内边长为 b 的正方形 $EFGD$ 为股幂，则剩余下来的"弯曲的矩形" $ABCGFE$ 称为勾矩，其面积为 $c^2-b^2=a^2$。在勾矩中裁去以 $c-b$ 为边长的正方形 $BHFI$，则剩余 2 个以股 b 为长、以股弦差 $c-b$ 为宽的长方形，即：

$$a^2-(c-b)^2 = (c^2-b^2) - (c-b)^2 = 2b(c-b)$$

经过变形，就得到了公式（4），证明完成。

此外，若在图形左上角再补一个以 $c-b$ 为边长的正方形 $AEKJ$，则补后的勾矩 $JBCGFK$ 的面积为 $2c(c-b)$。所以，又用类似的方法得到公式：

$$c = \frac{a^2+(c-b)^2}{2(c-b)}$$

再举一例。有一门户，高比宽多 6 尺 8 寸，门的对角线长 1 丈。问：此门户高、宽各为多少？

如图 2-7 所示，记对角线长度为 c，高与宽之差为 $b-a$。此为一个已知弦 c 与股勾差 $b-a$，求勾、股的问题。《九章算术》的解法经过刘徽稍加变形为：

$$a = \frac{1}{2}\sqrt{2c^2-(b-a)^2} - \frac{1}{2}(b-a)$$

$$b = \frac{1}{2}\sqrt{2c^2-(b-a)^2} + \frac{1}{2}(b-a)$$

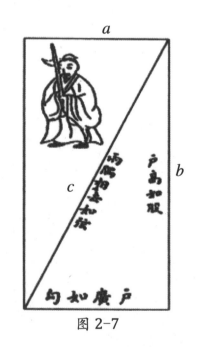

图 2-7

证明：如图 2-8 所示，做以弦 c 为边长的正方形，称为弦幂 c^2。将其分解为 4 个以 a 为勾、以 b 为股的直角三角形以及 1 个以勾股差 $b-a$ 为边长的小正方形，显然：

$$c^2 = 4 \times \frac{1}{2}ab + (b-a)^2$$

取 2 个同样的弦幂，其面积为 $2c^2$。将其中一个弦幂中心处的小正方形剜去，而将其余 4 个勾股形拼补到另一个完整的弦幂上，则形成一个以 $a+b$ 为边长的大正方形，如图 2-9 所示，其面积为：

$$(a+b)^2 = 2c^2 - (b-a)^2$$

即：

$$a+b = \sqrt{2c^2 - (b-a)^2}$$

所以：

$$a = \frac{1}{2}\left[(b+a) - (b-a)\right] = \frac{1}{2}\left[\sqrt{2c^2 - (b-a)^2} - (b-a)\right]$$

$$b = \frac{1}{2}\left[(b+a) + (b-a)\right] = \frac{1}{2}\left[\sqrt{2c^2 - (b-a)^2} + (b-a)\right]$$

证毕。

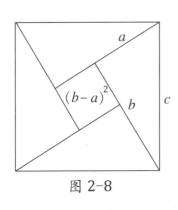

图 2-8

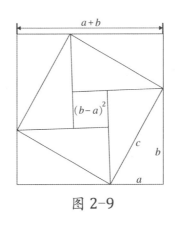

图 2-9

勾股形，在中国古代数学几千年的发展历程中一直占据着几何研究的中心位置，其中勾股容圆，即直角三角形中内切圆问题，也是中国古代数学家关注的一个重要课题。《九章算术》"勾股"章勾股容圆题为："今有勾八步，股一十五步。问勾中容圆径几何。"如何得到这个结果呢？对原图形进行分割（如图 2-10 所示），从圆心将其分割成 2 个朱幂、2 个青幂、1 个黄幂，其中黄幂的边长是圆半径 r。4 个

这样的勾股形可拼合成两个以勾 a 为宽、以股 b 为长的长方形（如图 2-11 所示）。取两个这样的长方形，其面积为 $2ab$，将其重新拼合，成为一个以容圆直径 d 为宽，以勾、股、弦之和 $a+b+c$ 为长的长方形（如图 2-12 所示），其面积为 $(a+b+c)d$。显然，$2ab=(a+b+c)d$，则得到容圆直径公式：

$$d = \frac{2ab}{a+b+c}$$

代入到这个公式进行计算，可得答案：六步。

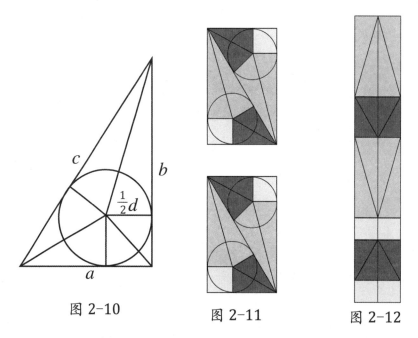

图 2-10　　　　图 2-11　　　　图 2-12

　　勾股容圆问题在宋元时期得到较大发展，人们研究了勾股形与圆的十种相互关系，得出了求圆径的公式，称为"洞渊九容"，李冶由此演绎成著名的《测圆海镜》（1248 年）一书。

　　秦汉数学简牍和《九章算术》提出多种面积、体积公式，其中绝大部分都是依据出入相补原理推导而来。如图 2-13、图 2-14、图 2-15所示，分别是圭田（三角形）、邪田（直角梯形）、城堑（横截面都

是相等的梯形的多面体）的拼补方法。

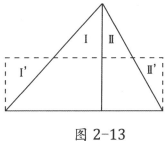

图 2-13

图 2-14

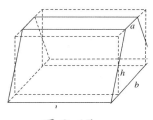

图 2-15

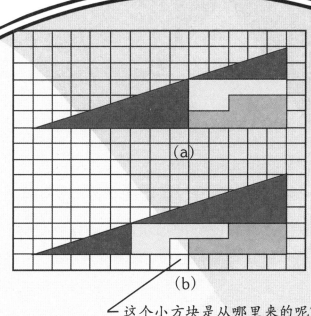

(a)

(b)

这个小方块是从哪里来的呢?

将图中颜色不同的四块拆开移到下图各位置。

每一部分与上图完全相同。

出入相补原理奥妙无穷，但在运用时必须要格外小心才行，因为一不留神就可能被自己的直观印象欺骗了。如上面这道题，拼补后居然无端地缺少一部分。乍一看，拼补前后面积不相等，似乎与出入相补原理相违背。但实际上不是这样的，秘密在于两条斜边在两幅图中都不共线，(a) 中是两条斜边的连接处向下凹，(b) 中是向上凸，凸起部分的面积恰好等于下图空白处那一小块的面积。

在遇到一些更加复杂的情况时，还必须借助一些立体模型进行出入相补，这就是"棋验法"。

棋是古代数学家研究体积时常用的模型。棋验法使用的三种模型（三品棋）为长、宽、高均为 1 尺的立方、堑堵（沿长方体相对两棱剖开便得到两全等堑堵）和阳马（一棱垂直于底面且垂足在底面一角的直角四棱锥），如图 2-16 所示。

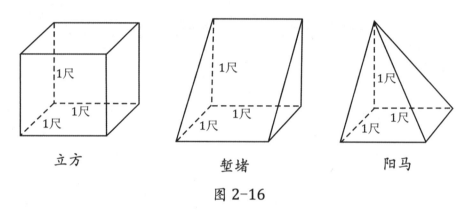

立方　　　　　　　堑堵　　　　　　　阳马

图 2-16

运用棋验法推导多面体体积公式，大致可分为三个步骤：

（1）考虑要求积的多面体的标准形状，即能分解或拼合成三品棋的标准多面体，将其分解成三品棋。

（2）构造一个或几个特定的长方体，使它们所含三品棋的个数分别是标准多面体所含三品棋个数的同一倍数。

（3）最后推出标准多面体的体积是一个或几个长方体体积之和的该倍数之一。

以方亭（即正四锥台）体积公式推导为例：

（1）假设方亭的上底边长 a_1=1 尺，下底边长 a_2=3 尺，高 h=1 尺，这是一个标准形方亭，它可以分解为一个立方、四个堑堵棋和四个阳马棋，如图 2-17（a）所示。

（2）首先，构造第一个长方体，宽是标准形方亭上底边长（1 尺），长是其下底边长（3 尺），高与标准形方亭相同（1 尺），体积为

$a_1a_2h=3$（立方尺），如图 2-17（b）所示，它相当于一个中央立方体和四个堑堵。

其次，构造第二个长方体，底边长为标准型方亭下底边长（3 尺），高也与标准形方亭相同（1 尺），体积为 $a_2^2h=9$（立方尺），如图 2-17（c）所示，它相当于由一个立方体、八个堑堵和十二个阳马组成。

再次，构造第三个长方体，其实是一个以标准方亭的上底边长 1 尺为边长的正方体，体积为 $a_1^2h=1$（立方尺），如图 2-17（d）所示，它相当于一个立方体组成。

最后，将构造的三个长方体加起来，共含有三个中央立方体、十二个堑堵、十二个阳马，相当于三份标准型方亭，其总体积为（$a_1a_2 + a_1^2 + a_2^2$）h。

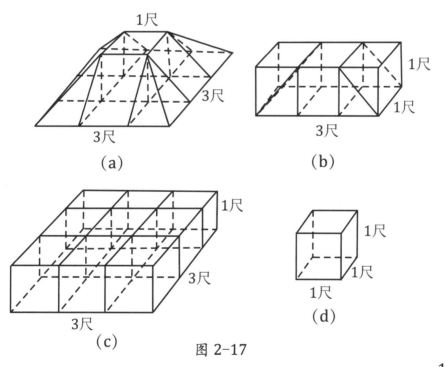

图 2-17

（3）那么，一个标准型方亭的体积就是三个长方体体积的 $\frac{1}{3}$：

$$V = \frac{1}{3}(a_1^2 + a_2^2 + a_1a_2)h$$

进行归纳，推广开来，上述公式即方亭体积的一般公式。

再来看一个拼合成棋的例子。

如图 2-18 所示，三个长、宽、高都是 1 尺的标准型阳马，它们可以拼合成 1 个立方棋。这样就得到了标准型阳马体积公式：

$$V = \frac{1}{3} abh$$

可以看出，棋验法仅适用于能分解或拼合成三品棋的标准型多面体，然后通过归纳推理，得到一般多面体的体积公式。但是，归纳推理是或然的，如何真正证明出一般多面体的体积公式呢？魏晋时期伟大的数学家刘徽运用无穷小分割解决了这个问题，我们将在后文详加介绍。

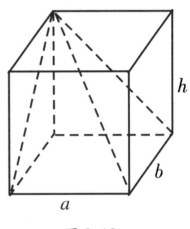

图 2-18

五、如何测出太阳的高度——重差术

《九章算术》中有这样一道例题：

如图 2-19 所示，今有一座正方形的城邑，不知道其大小，各在城墙的中间开门。出北门 20 步处有一棵树，出南门 14 步，然后拐弯向西走 1775 步，恰好能够望见这棵树。问：城墙长多少？

根据刘徽对《九章算术》的注解，这道题有两种解法：

第一种：记城邑的北门为 D，树为 B，南门为 E，拐弯处为 C，望见树处为 A，$AC=m=1775$ 步，$BD=k=20$ 步，$CE=l=14$ 步，设城墙的长为 x。

可以看出，小勾股形 *FBD* 与大勾股形 *ABC* 相似，根据"勾股相与之势不失本率"原理（即今天所说的相似直角三角形对应边成比例），得到：

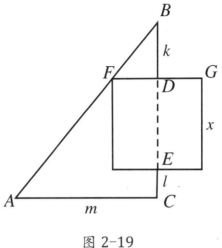

图 2-19

$$\frac{BD}{FD} = \frac{BC}{AC}$$

即：

$$BD \times AC = BC \times FD$$

因为：

$$BC = k + x + l$$

代入上式，得到一元二次方程式：

$$x^2 + (k+l)\, x = 2km$$

解，得：

$$x = 250（步）$$

第二种：如图 2-20 所示，长方形 *HKML* 的宽等于城墙长 x，长 $BC=k+x+l$。长方形 *HKML* 共由三部分组成：长方形 *HKGF*，面积为 kx；长方形 *PNML*，面积为 lx；城邑 *FGNP*，面积为 x^2，所以长方形 *HKML* 总面积为 $x^2+(k+l)x$。

再看长方形 *IBCA*，它被对角线 *AB* 平分，即勾股形 *ABC* 与勾股形 *ABI* 面积相等。同样，勾股形 *AFL* 与勾股形 *AFJ* 面积相等，勾股形 *FBD* 与勾股形 *FBH* 面积也相等。因此，长方形 *FDCL* 与长方形 *FHIJ* 面积相等。这个证明过程，宋代数学家贾宪和杨辉将其概括成一条重要原理——容横容直原理，其表述为：一个长方形被其对角线分成两

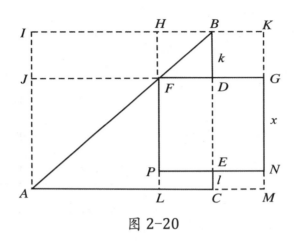

图 2-20

个勾股形，则它们所容的以对角线上任意一点为公共点的长方形，其面积相等（见图 2-21）。

显然，长方形 *HBCL* 与长方形 *BDJI* 面积也相等。由于长方形 *HKML* 是长方形 *HBCL* 面积的 2 倍，也就是长方形 *BDJI* 面积的 2 倍。长方形 *BDJI* 的面积是 km，因此得到二次方程式：

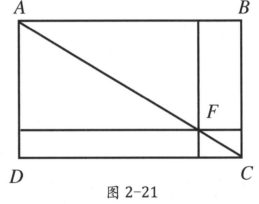

图 2-21

$$x^2 + (k+l)x = 2km$$

这又是运用出入相补原理进行证明的一个典型。

像上面所举的例子，是典型的测望问题，古人的方法非常巧妙。他们还曾尝试过比《九章算术》中的城邑、井深等要高远难知得多的测望对象——太阳！

天究竟有多高呢？这对任何古老的民族来说，都是极具吸引力的谜题。我们的先民认为，苍天就像圆形的伞盖，大地形似方形的棋盘，苍天笼罩在大地之上。若要知道天有多高，只需测出挂在天上的太阳

的高度就可以了。基于这种理论，古人设计了测日高的数学方法：如图 2-22 所示，沿正南正北方向树立两个圭表 AC 和 EG，二者相距 l，表高为 h，同时量出两表的影子长度 $l_1(QB)$ 和 $l_2(QF)$，则太阳的高度就是：

$$H = \frac{lh}{l_1 - l_2} + h$$

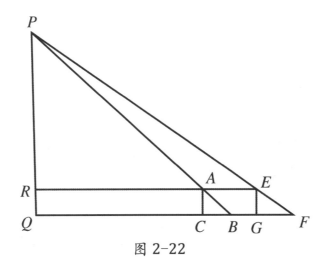

图 2-22

我们看到，此公式中包含两差：两表间距 l（即两表距太阳正下方之差）和两表影子长度之差 $l_2 - l_1$，因此，这种测望方法叫做"重差"。

重差术萌芽于西汉时代，魏晋时期的数学家刘徽将其发展得基本完备。刘徽认为，《九章算术》尽管博大精深，但并不包含重差内容，因此他将重差术的研究心得附缀在《九章算术》之后，后来独立成书时这部分内容被命名为《海岛算经》。

《海岛算经》之名来源于书中的第一道测望海岛题：树立两个高为 3 丈的表，前后相距 1 000 步，使之与海岛处于同一直线上。从前表处后退 123 步，人眼从地面望向岛峰，人眼、前表的末端、岛峰三点成一线；类似地，从后表处后退 127 步，测望到后表与岛峰成一直线。

中国算学浅话

问：海岛的高度及海岛与前表的距离是多少？

　　此题的实质与前面介绍的测日问题，无论是采用的方法还是公式都完全相同，最后可以计算得到此海岛高 4 里 55 步，即 1 792.14 米。据推测，这座"海岛"的原型，实际上就是大名鼎鼎的泰山，而刘徽用重差术算得的数据是中国历代最为精确的。

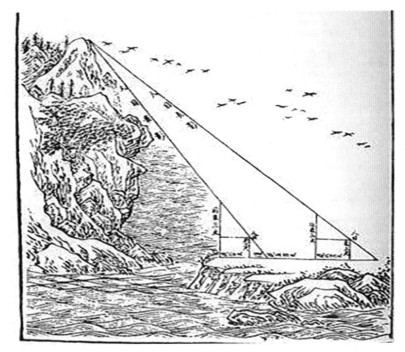

测望海岛示意图

　　上述两例测量的过程都是借助两个圭表，因此叫做重表法，它是重差术主要的测望方法之一，除此之外，还有连索法、累矩法等。由于《海岛算经》的刘徽自注和插图都已失传，这些重差公式从何推导而来成为一个难知的谜题。但是根据当时的历史条件和作者刘徽的证明习惯进行推测，他很有可能依然采用的是本篇开头所述的两种方法：勾股相与之势不失本率和出入相补原理。

　　测海岛和测太阳都需要两次测望，刘徽还解决了若干需要三次甚至四次测望的更为复杂的测望问题，在此不做过多介绍。

36

六、算之纲纪——率和齐同原理

在古代，物物交换是日常生活中时常遇到的一类问题。《九章算术》的第二章卷首，列出了 20 种谷物的互换比率，称作"粟米之法"：

粟率 50　　粝米 30　……　稻 60　豉 63　飧 90 ……

"今有粟七斗八升，欲为豉。问得几何。答曰：为豉九斗八升二十五分升之七。"

这道题的问题是，78 升的小米（粟），能换来多少豆豉呢？

对于这类换算问题，《九章算术》给出的算法为：

所求数 = 所有数 × 所求率 ÷ 所有率

代入公式，则：

所求数 $=78\times63\div50=98\dfrac{7}{25}$

即可得 $98\dfrac{7}{25}$ 升豆豉。

这个算法叫做今有术。"今有"是《九章算术》提出各种问题时的统一起首方式，相当于"若有""假设有"。刘徽认为，今有术是一种普遍的算法，还可以推广到许多其他数学问题。

试举一例：已知客人的马的速度为 300 里／日。客人离开时忘记拿自己的衣服，已经过了 $\dfrac{1}{3}$ 日的时候，主人才发觉，赶忙拿着衣服去追客人。给了客人衣服之后到家时，发现已经过了 $\dfrac{3}{4}$ 日。问：主人的马日行多少里？

这是一道追及问题，需要根据问题的具体条件将率关系找出。

假设客人行至 A 地时被主人追上，主人追客人一去一还所用时间

的率为：$\dfrac{3}{4}-\dfrac{1}{3}=\dfrac{5}{12}$。

$$主人行至 A 地所用时间的率 = \dfrac{1}{2}\times\left(\dfrac{3}{4}-\dfrac{1}{3}\right)=\dfrac{5}{24}$$

$$客人行至 A 地所用时间的率 = \dfrac{5}{24}+\dfrac{1}{3}=\dfrac{13}{24}$$

那么，客人马的速度的率就是主人用时的率，主人马的速度的率就是客人用时的率。

以客人马的速度 300 为所有数，客人马的速度的率 5 作为所有率；以主人马的速度为所求数，主人马的速度的率 13 为所求率，应用今有术，得：

主人马的速度 =300×13÷5=780（里 / 日）

但是，对于很多复杂的数学问题，则必须首先应用齐同原理，将各种率关系放在同一尺度下进行衡量、比对，然后才能应用今有术解决。

齐同原理的提出，最早来自分数的运算。刘徽把分数的分子和分母看成一组率关系：通分时，两分母相乘，称为"同"，两分数之间有了共同的分母，方便运算和比较；分母互乘分子，称为"齐"，分数经过通分变形后的数值仍然没有发生改变。

齐同原理太重要了！率借助于齐同原理，其应用被大大推广，遍及《九章算术》的九个部分、200 多个题目的解法（《九章算术》总共有 246 个例题）。无论哪个问题，只要找出它们的率关系，然后进行齐同变换，最终应用今有术，全部可以迎刃而解。因此，刘徽称齐同原理为运算的纲纪。

下面是一个非常典型的例子：

用驿车运送货物，空车时（车上没有货物）日行 70 里，重车时（车上满载货物）日行 50 里。现在将太仓（京城的大粮仓）的粟米输送

到上林苑中，5 日往返 3 次。问：太仓到上林苑的距离是多少？

第一种方法：空车日行 70 里，重车日行 50 里，应用齐同原理：行 70×50 里路，空车用 50 日，重车用 70 日，即 70×50 里路驿车一往返用（50+70）日。

以太仓到上林苑距离的 3 倍为所求数，5 日为所有数，以 70×50 里为所求率，（50+70）日为所有率，运用今有术，得：

太仓到上林距离的 3 倍 =(5×70×50)÷（50+70）

最后得到，太仓到上林苑的距离为 $48\frac{11}{18}$ 里。

第二种方法：空车行一里用 $\frac{1}{70}$ 日，重车行一里用 $\frac{1}{50}$ 日。应用齐同原理，则一里的距离，驿车往返用 $\frac{1}{70}+\frac{1}{50}=\frac{6}{175}$ （日）。

以太仓到上林苑距离的 3 倍为所求数，5 日为所有数，以 1 里为所求率，$\frac{6}{175}$ 日为所有率，运用今有术，得：

太仓到上林苑距离的 3 倍 $=5×1÷\frac{6}{175}$

同样得到太仓到上林苑的距离为 $48\frac{11}{18}$ 里。

此外，在线性方程组中，

$$\begin{cases} x+2y = 14 & (1) \\ 3x+y = 17 & (2) \end{cases}$$

将一行方程式的系数看做一组率关系，如果我们要消去未知数 x，则首先必须令（1）式乘以 3，得到：

$$\begin{cases} 3x+6y = 42 & (3) \\ 3x+y = 17 & (2) \end{cases}$$

（2）、（3）两个方程式 x 项的系数相等了，这就是"同"；（1）式中各项系数全部扩大 3 倍，不影响方程的解，这就是"齐"。这样一

来，就用齐同原理说明了直除法的正确性。

齐同原理同样可以推演到"衰分"问题，即今天的按比例分配问题。衰分是中国传统数学的重要分支，为九数之一。例如：牛、马、羊吃了人家的青苗，青苗主人要求赔偿5斗谷子。羊的主人说："我家羊只吃了马的一半。"马的主人说："我家马只吃了牛的一半。"问：三家各赔偿多少？

羊、马、牛所食青苗的比例为1：2：4，若以各家应赔偿的数为所求数，以各家比例为所求率；以赔偿总数为所有数，以各家比例之和为所有率，则：

$$羊的主人应赔偿谷子 = 50 \times 1 \div (4+2+1) = 7\frac{1}{7} \quad （升）$$

$$马的主人应赔偿谷子 = 50 \times 2 \div (4+2+1) = 14\frac{2}{7} \quad （升）$$

$$牛的主人应赔偿谷子 = 50 \times 4 \div (4+2+1) = 28\frac{4}{7} \quad （升）$$

七、极限思想与无穷小分割的首秀

——割圆术

秦汉数学简牍和《九章算术》提出圆面积的一个公式为 $S = \frac{1}{2}lr$，其中，l 为圆周长，r 为圆半径。

毫无疑问，这个公式本身是正确的，但是在刘徽证明之前，它的推证并不精确。

如图2-23所示，在圆内做出一个圆内接正六边形和一个圆内接正十二边形，将其分割成Ⅰ，Ⅱ，Ⅲ，Ⅳ，Ⅴ及1，2，3，4，5，6，7，8，9，10，11共16个部分。运用出入相补原理，保持Ⅰ，1不动，而将Ⅱ，Ⅲ，Ⅳ，Ⅴ及2，3，4，5，6，7，8，9，10，11移到Ⅱ'，Ⅲ'，Ⅳ'，Ⅴ'，2'，3'，4'，

$5'$、$6'$、$7'$、$8'$、$9'$、$10'$、$11'$ 处，形成一个以圆半径 r 为宽、以圆内接正六边形周长 l 的一半 $3r$ 为长的长方形，再根据长方形面积公式就得到：

$$S= \frac{1}{2} lr$$

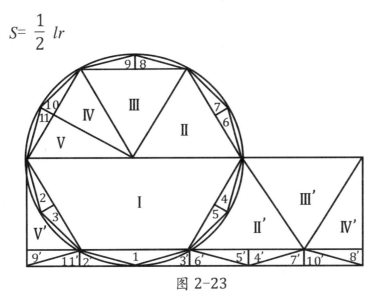

图 2-23

可以看出，以上证明过程实际上是以圆内接正六边形的周长代替圆周长、以圆内接正十二边形代替圆面积，这是不严格的。那么，如何正确地推导出圆面积公式呢？中国古代伟大的数学家刘徽在为《九章算术》做注解时，创造了一种卓越的方法——割圆术。

刘徽从圆内接正六边形开始割圆，依次得到圆内接正 12，24，48，92，…，6×2^n（n 为割圆的次数，$n=1, 2, 3\cdots$）边形，如图 2-24 所示。圆内接正 6×2^n 边形面积小于圆面积（$S_n < S$），但是，随着分割次数越来越多，两者之间的面积差越来越小——终于，割

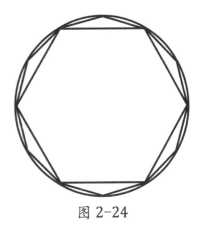

图 2-24

了无穷多次不能再割时，圆内接正多边形与圆的面积完全重合，即：

$$\lim_{n \to \infty} S_n = S \text{（当 } n \text{ 趋近于无穷时，} S_n \text{ 的值为 } S\text{）}$$

刘徽认为，圆内接正 6×2^n 边形的每个边和圆周都存在一段距

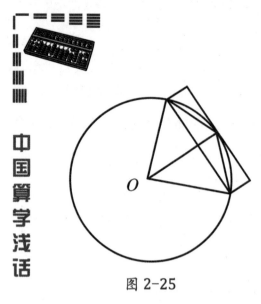

图 2-25

离 r_n，称为余径，如图 2-25 所示。正 6×2^n 边形的每个边长 a_n 都与余径 r_n 相乘，其总和为 $2 \times (S_{n+1} - S_n)$。

$$S < S_n + 2 \times (S_{n+1} - S_n)$$

当割了无穷多次割到不能再割的时候，圆内接正 6×2^n 边形与圆完全重合，此时也就不存在余径 r_n，即：

$$\lim_{n \to \infty} r_n = 0 \text{（当 } n \text{ 趋近于无穷时，} r_n \text{ 的极限为 } 0\text{）}$$

因此：

$$\lim_{n \to \infty} [S_n + 2 \times (S_{n+1} - S_n)] = S \text{〔当 } n \text{ 趋近于无穷时，} S_n + 2 \times (S_{n+1} - S_n) \text{ 的极限为 } S\text{〕}$$

经过以上步骤，无论是从圆内部还是从圆外部逐渐进行逼近，圆内接正 6×2^n 边形面积的极限都是圆面积。

最后，将与圆周重合的正多边形分割成无穷多个以圆心为顶点、以每边长为底的小等腰三角形，圆半径乘以这个多边形的边长的积等于每个小等腰三角形面积的 2 倍。可以看出，所有这些小等腰三角形的底边之和就是圆的周长，所有这些小等腰三角形面积的总和就是圆的面积，如图 2-26 所示。那么，圆半径乘以圆周长，就是圆面积的 2 倍：

$$lr = 2S$$

于是：

$$S = \frac{1}{2} lr$$

图 2-26

即完成了对《九章算术》圆面积公式真正意义上的证明。

《九章算术》中记载的圆面积公式虽然是正确的，但书中例题所

割之弥细，所失弥少。割之又割，以至于不可割，则与圆周合体而无所失矣。觚（gū）面之外，又有余径。以面乘余径，则幂出弧表。若夫觚之细者，与圆合体，则表无余径。表无余径，则幂不外出矣。以一面乘半径，觚而裁之，每辄自倍。故以半周乘半径而为圆幂。

——刘徽

设周、径都是"周三径一"（相当于 $\pi=3$）。刘徽指出，在此公式中，"周、径，谓至然之数，非周三径一之率也"，需要求这个"至然之数"，即精确的圆周率近似值。他再次运用割圆术着手圆周率 π 的求解。刘徽仍从圆内接正六边形开始不断地割圆，并反复应用勾股定理，求出正 6×2^n 边形的边长、边心距、余径、面积等要素，从而确定出 S 的取值范围。最后，根据已经证明的圆面积公式：

$$S=\frac{1}{2}lr$$

就可以得到周、径相与之率，即圆周率。

具体计算过程如下：如图 2-27 所示，取直径为 2 尺的圆，则其内接正六边形的边长为 1 尺，从圆内接正六边形开始割圆。设圆内接正六边形的一边为 AA_1，取弧 AA_1 的中点 A_2，则 AA_2 就是圆内接正十二边形的一边，OA_2 与 AA_1 交于 P_1。考虑勾股形 AOP_1，根据勾股

第二章 辉煌成就

43

定理，则边心距 $OP_1 = \sqrt{OA_2 - AP_1^2} = \sqrt{10^2 - 5^2} = 8$ 寸 6 分 6 厘 2 秒 5 $\frac{2}{5}$ 忽。余径 $P_1A_2 = OA_2 - OP_1 = 1$ 寸 3 分 3 厘 9 毫 7 秒 4 $\frac{3}{5}$ 忽。再考虑勾股形 AP_1A_2，算得 $AA_2 = \sqrt{P_1A_2^2 + AP_1^2} = \sqrt{267\,949\,193\,445}$ 忽，即为圆内接正十二边形的边长。

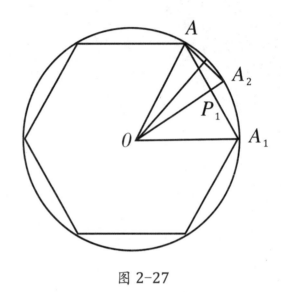

图 2-27

依照同样的程序，算出圆内接正 24 边形、正 48 边形、正 96 边形、正 192 边形相关要素，最后得到正 96 边形面积 $S_4 = 313\frac{584}{625}$ 寸^2，正 192 边形面积 $S_5 = 314\frac{64}{625}$ 寸^2，根据

$$S_5 < S < S_4 + 2(S_5 - S_4)$$

$$314\frac{64}{625} < S < 314\frac{169}{625}$$

刘徽只取整数部分 314 寸^2 作为圆面积的近似值，最后代入圆面积公式，即求得 $\pi = \frac{157}{50}$（相当于 $\pi = 3.14$）。

刘徽清楚地知道圆周率取 $\pi = \frac{157}{50}$ 比实际值要小，恐怕精度仍不满足需要，此后他又求出另一值 $\pi = \frac{3\,927}{1\,250}$，并与西汉末年大学者刘歆所制的"律嘉量斛"进行验证比对。律嘉量斛是新莽时期的标准量器，据推算，刘歆制造此斛时实际上使用的圆周率相当于 3.154 7，相较《九章算术》的周三径一之率，精确度大为提高。这件国宝现藏于台北"故宫博物院"。

律嘉量斛

根据前文的论述我们知道，n 的取值越大，即割圆的次数越多，则 S 的取值范围越狭窄，所得结果越精密。后来，南朝伟大的科学家祖冲之站在刘徽的肩膀上，经过极其复杂的计算，得到圆内接正 1024 边形和圆内接 2 048 边形面积，最终将圆周率精确到 8 位有效数字：

$$3.141\ 592\ 6 < \pi < 3.141\ 592\ 7$$

为便于应用，祖冲之还提出了两个用分数表示的圆周率，较粗略的约率 $\pi = \dfrac{22}{7}$，较精密的密率 $\pi = \dfrac{355}{113}$ ——分母不大，而精确度极高，是分母小于 16 604 中最接近 π 真值的最佳分数。为纪念祖冲之的这一辉煌成就，$\pi = \dfrac{355}{113}$ 被称为"祖率"。

刘徽的割圆术，运用无穷小分割和极限思想进行数学证明，与微积分前的面积元素法已经颇为接近，这是中国古代数学光辉灿烂的伟

第二章 辉煌成就

45

大成就，即使放眼世界也是前无古人的卓越创造，远比古希腊数学家更接近微积分思想。

先秦时期名家学派有一位代表人物，名叫惠施，是庄子的朋友。他曾经提出过这样一个理论："一尺之棰（chuí），日取其半，万世不竭。"棰即木棍，第一天取一半，第二天取余下的一半的一半，第三天再取余下的一半的一半的一半……依此类推，不管取多少次，总会有剩余，永远也不会穷尽。

当时另一学派墨家的观点与此不同，他们认为无限分割的最终，会得到不能再分割的"端"。可见，极限思想在中国的春秋战国时期就已经萌芽。

八、超越时代的洞见——刘徽原理及其证明

前文我们曾谈到，对于一般情形的多面体体积问题，棋验法无能为力。此时，必须依靠更加有力的武器——无穷小分割。

对此，刘徽是很擅长的。

如图 2-28 和图 2-29 所示，将一个长方体沿对棱剖开得到的两个全等立方体叫做"堑堵"。沿堑堵的一顶点与相对的棱剖开又会得到两个立体：底面为长方形，一棱垂直于底面的四棱锥，称为"阳马"；四面都是勾股形的四面体，称为"鳖臑（nào）"。刘徽首先提出一个命题："邪解堑堵，其一为阳马，一为鳖臑。阳马居二，鳖臑居一，不易之率也。"就是说，在一个堑堵中，恒有：

$$V_{阳马} : V_{鳖臑} = 2 : 1$$

这就是著名的刘徽原理。

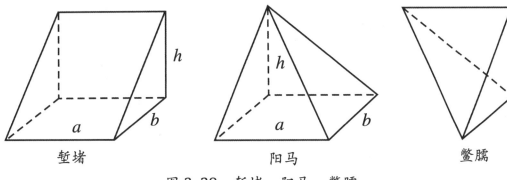

图 2-28　堑堵、阳马、鳖臑

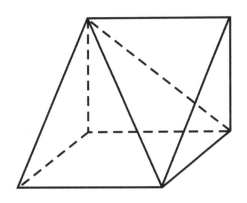

图 2-29　邪解堑堵得一阳马一鳖臑

刘徽对此命题作出证明：

如图 2-30 所示，鳖臑（1）与阳马（2）拼合成堑堵（3），用三个互相垂直的平面从堑堵（3）的长、宽、高中间位置切开平分。那么，鳖臑部分可分解为两个小堑堵Ⅱ′、Ⅲ″和两个小鳖臑Ⅳ′、Ⅴ″；阳马部分可分解为一个小立方Ⅰ，两个小堑堵Ⅱ、Ⅲ和两个小阳马Ⅳ、Ⅴ。它们可以拼合成四个全等的小立方Ⅰ、Ⅱ-Ⅱ′、Ⅲ-Ⅲ′、（Ⅳ-Ⅳ′）-（Ⅴ-Ⅴ′）。

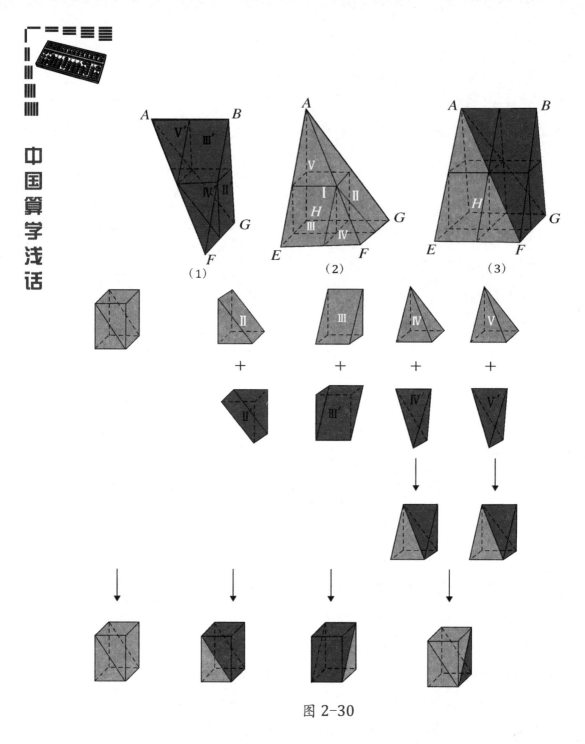

图 2-30

　　显然，在前三个小立方体中，出自阳马部分与出自鳖臑部分的体积之比为 2∶1，也就是说，在原堑堵的 $\frac{3}{4}$ 中刘徽原理是成立的，那么只要能证明在第四个小长方体中也成立，则：$V_{阳马}∶V_{鳖臑}=2∶1$ 便在整个堑堵中都成立。由于第四个小长方体中的两个小堑堵与原堑堵完全相似，其长、宽、高为原堑堵的一半。因此，上述分割过程完全可以

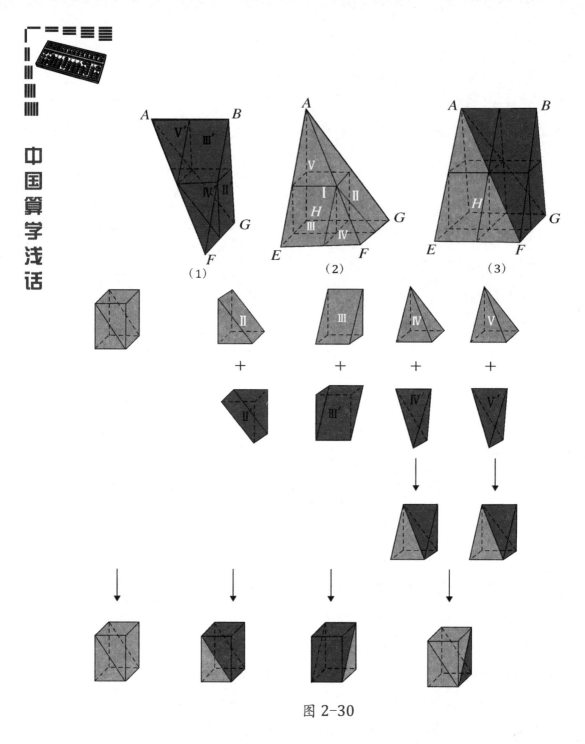

在剩余的这两个小堑堵重复，这样一来，又会证明出，刘徽原理在其中的 $\frac{3}{4}$ 中成立，在其中的 $\frac{1}{4}$ 中尚未可知，即刘徽原理在原堑堵的 $\frac{3}{4}$ + $\frac{1}{4} \times \frac{3}{4}$ 中成立，而在原堑堵的 $\frac{1}{4} \times \frac{1}{4}$ 中尚未可知。无限次地重复这个过程，在第 n 次分割后只剩原堑堵的 $\frac{1}{4^n}$ 中尚未可知。当 n 为无穷时，$\frac{1}{4^n}$ 极限为 0，即：

$$\lim_{n \to \infty} \frac{1}{4^n} = 0$$

不再有任何剩余。此过程，刘徽总结道："半之弥少，其余弥细，至细曰微，微则无形。由是言之，安取余哉？"

综上所述，刘徽原理在整个堑堵中都成立。证毕。

根据已经证明的刘徽原理，可知：

$$V_{鳖臑} : V_{阳马} : V_{堑堵} = 1 : 2 : 3$$

前文说过，堑堵是长方体的斜截平分体，容易得到：

$$V_{堑堵} = \frac{1}{2} abh \, (a 、 b 、 h \text{分别为长、宽、高})$$

因此，可得鳖臑和阳马的一般体积公式：

$$V_{鳖臑} = \frac{1}{6} abh$$

$$V_{阳马} = \frac{1}{3} abh$$

任何更复杂的多面体，都可以看作长方体、堑堵、阳马和鳖臑的组合，从而利用上述体积公式解决。

回顾整个过程，刘徽将多面体体积问题的解决归结为鳖臑即四面体体积，而鳖臑体积的解决最终又建立于无穷小分割的基础之上。这种思想，与现代数学大师高斯、希尔伯特等人提出的体积理论基本一致。

九、延续千年的数学接力——球体积的探索

请看下面的对话：

甲：图2-31中的立体看起来好古怪哟，它是什么呀？

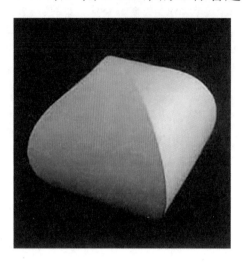
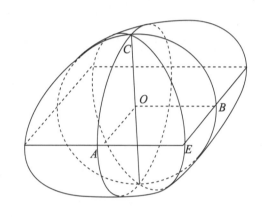

图 2-31

乙：的确是有些古怪：它既不是立方，也不是球体，很像是上下对称扣合在一起的方形伞盖，它的设计者叫它"牟（móu）合方盖"（"牟"通"侔"，对等的意思）。

甲：设计者是谁？

乙：刘徽，我们曾反复提及的名字。

甲：那又是如何设计出来的呢？

乙：将两个相等的圆柱体垂直相交，其公共部分就是一个牟合方盖，你看图2-32。

甲：刘徽为什么要设计一个这么怪异的立体？

乙：这也要从《九章算术》说起。

在我国古代，球体通常被叫做"立圆"，有时也称"丸"或"浑"。《九章算术》"少广"章曾提出"开立圆术"，即已知球体积以求直径的算法。设 D 表示球径，V 表示球体积，则：

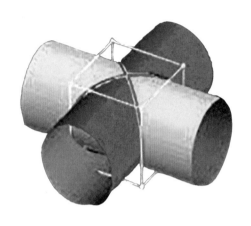
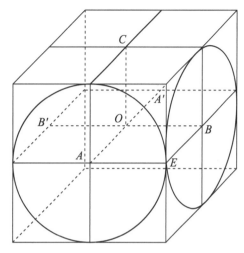

图 2-32

$$D = \sqrt[3]{\frac{16}{9}V}$$

相当于：

$$V = \frac{9}{16}D^3$$

这个公式是错误的。根据刘徽的论述，它是这样得出的结论：按照周三径一之率（取 $\pi=3$），圆面积与其外切正方形面积的比为 $3:4$，因此圆柱与其外切正方体的体积之比也为 $3:4$，球的体积与外切圆柱的体积之比也是 $3:4$，得到球的体积为外切正方体体积的 $\frac{9}{16}$，于是

$$V = \frac{9}{16}D^3$$

甲：打断一下，"球的体积与外切圆柱的体积之比也是 $3:4$"，

错在哪里了？

乙：刘徽已经认识到，如果两个等高的立体，用平行于底面的任意平面截得的截面积之比为一定值，则这两个立体的体积之比也等于

该定值。如图 2-33 所示，刘徽指出，球与其外切牟合方盖的关系满足这一原理：二者在任意等高处的截面积的比都为 π:4，则体积之比也是 π:4，而牟合方盖的体积小于圆柱体体积，因此《九章算术》所说的球与其外切圆柱的体积之比为 π:4，明显就是错误的了。实际上，球和外切圆柱除大方与大圆外，都不满足面积之比是 π:4。

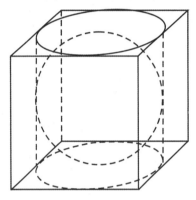 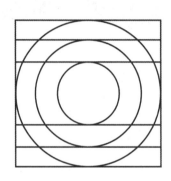

图 2-33

甲：那么，刘徽应该把球体积公式修正了吧？

乙：没有。

甲：为什么？只要求出牟合方盖的体积，那么它的 $\frac{\pi}{4}$ 不就是球的体积了吗？

乙：确实如此。但问题恰恰出在这里，正方体之内、牟合方盖之外的部分形状非常复杂，要想求出牟合方盖的体积必须首先计算出这部分的体积。刘徽功亏一篑，终究也没能找到彻底解决的办法，因此他谦虚地说："我打算不顾自己之浅陋去用意解决这个问题，又担心偏离正确的数理。只好把疑惑搁置起来，等待有能力阐明这个问题的人。（欲陋形措意，惧失正理。敢不阙疑，以俟能言者？）"

甲：刘徽很坦诚啊！那么，谁能够接过他手中的接力棒，将这个问题彻底解决？

乙：200 年后的祖冲之、祖暅之父子。

甲：他们是怎么做到的？

乙：听我慢慢道来。

如图 2-34 所示。

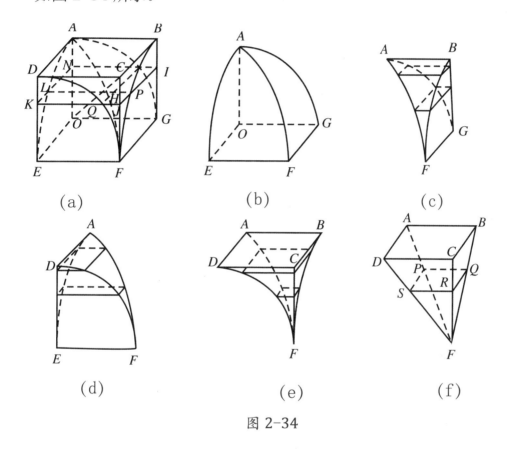

图 2-34

祖氏父子仅选取了大正方体的 $\frac{1}{8}$ 小正方体 *ABCDEFGO*［如图 2-34（a）所示］：牟合方盖的 $\frac{1}{8}$ *AEFGO*，称为内棋［如图 2-34（b）所示］；正方体与牟合方盖之间的部分，总共分成 *ADEF*、*ABGF* 和 *ABCDF* 三份，称为外棋［如图 2-34（c）、（d）、（e）所示］。用一平面在高 *OA* 上任意一点 *N* 处横截过去，得到小正方体 *ABCDEFGO* 的截面 *IJKN*、内棋 *AEFGO* 的截面正方形 *NMHL*、外三棋的截面长方形 *MIPH*、*LHQK* 和正方形 *HPJQ*，这三个横截面的面积分别为 $S_{截}$、

$S_{内截}$、$S_{外截}$。设 $ON=a$，称为余高。

（1）因为 OM 与 OG 同为内接球半径，

$$OG^2 = S_{截}$$

所以：

$$OM^2 = S_{截}$$

根据勾股定理，在勾股形 ONM 中：

$$ON^2 + NM^2 = OM^2$$

$$NM^2 = S_{内截}$$

所以：

$$S_{外截} = ON^2$$

尽管 ON 是可变的，但无论 ON 取何值，这个等式始终成立。

（2）如图 2-9-4（f）所示，一个倒立的小阳马，其长、宽、高都与小正方体 $ABCDEFGO$ 相等。我们同样也用一个平面在高 CF 上横截过去，得到顶点 F 到截面的距离与 ON 相等，根据阳马的性质，有：

$$ON^2 = S_{阳马截}$$

$$FR^2 = ON^2 = S_{阳马截}$$

由（1）、（2），得：

$$S_{外截} = S_{阳马截}$$

祖冲之及其子祖暅之在刘徽研究的基础之上，明确提出："夫叠棋成立积，缘幂势既同，则积不容异"——这便是著名的祖暅之原理。千年之后的意大利数学家卡瓦列利也曾提出过等价的命题，因此西方又称之为"卡瓦列利原理"。这一原理用现代数学语言表述出来就是：夹在两个平行平面间的两组几何体，被平行于这两个平行平面的任何平面所截，如果截得两组截面的面积总相等，则它们的体积相等。

根据祖暅之原理得到，外三棋的体积之和与这个小阳马的体积完全相等，都是小正方体的 $\dfrac{1}{3}$。那么，内棋便是小正方体的 $\dfrac{2}{3}$。因此，整个牟合方盖的体积就是其外切正方体体积的 $\dfrac{2}{3}$。

又因为球与其外切牟合方盖的体积比为$\frac{\pi}{4}$，所以最终得到球体积：

$$V_{球} = \frac{2}{3} \times \frac{\pi}{4} D^3 = \frac{\pi}{6} D^3$$

设半径为 R，球直径 $D=2R$，则：

$$V_{球} = \frac{4}{3} \pi R^3$$

取 $\pi=3$，

$$V_{球} = \frac{1}{2} D^3$$

则正确的开立圆术应为：

$$D = \sqrt[3]{2V_{球}}$$

甲：精彩！

十、能直接搬到计算机上的开方法

——增乘开方法

如今，我们将求二项方程式 $x^n=A$（$n \geqslant 2$）的根称为开方。但在我国古代，开方的意义却要广泛得多，凡是求解一元方程式 $a_1 x^n + a_2 x^{n-1} + \cdots + a_n x = A$（$n=1, 2, 3, \cdots$）的根，都称作开方。只不过根据开方式的不同情况，赋予不同的名称。例如：$n=2$，当 $a_2^2=0$ 时称为开方，当 $a_2 \neq 0$ 时称为开带从方；如果 $n=3$，称为开立方；如果 $n \geqslant 4$ 则称开 $n-1$ 乘方。此外，在元代朱世杰《四元玉鉴》中，$n=1$ 的情况也被称为开方，叫做"开无隅方"。

开方是中国古代数学的一个主要课题，几乎每部数学著作对此都有所论述，是传统数学最为发达的分支。《九章算术》的"少广"章，在世界上最早提出了开平方和开立方的完整抽象程序"开方术"。魏晋时期的数学家刘徽曾经用几何图形阐释《九章算术》中的开方术。刘徽指出，开方、开立方实际上就是已知正方形的面积、正方体的体积求边长的问题。举一个简单的例子进行阐释：

求 $\sqrt{55225}$ 的值，如图 2-35 所示，已知大正方形的面积是 55225，这是万位数，可确定其边长是一个百位数，故设其边长为 $100a+10b+c$（a、b、c 为小于 10 的自然数），则大正方形可看作涂黄色、朱色、青色部分之和。黄甲的面积为 $10\,000a^2$，黄乙的面积为 $100b^2$，黄丙的面积为 c^2；朱色面积为 $2\times100a\times10b$；青色面积为 $2\times(100a+10b)\times c$。于是：

$55225=(100a+10b+c)^2=10\,000a^2+100b^2+c^2+2\times100a\times10b+2\times(100a+10b)\times c$

（1）因为黄甲面积小于大正方形面积，所以 $10\,000a^2<55225$，

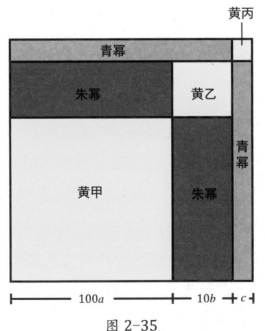

图 2-35

可议得 $a=2$；

（2）因为大正方形减去黄甲的面积大于两块朱色面积，所以 $2 \times 100 \times 2 \times 10b < 55\,225 - 10\,000 \times 4 = 15\,225$，议出 $b=3$；

（3）因为两块青色面积与黄丙的面积之和大于两块青色面积，所以 $2 \times (100 \times 2 + 10 \times 3) \times c < 15\,225 - (2 \times 100 \times 2 \times 30 + 30^2) = 2\,325$，议出 $c=5$；

（4）检验 $2\,325 - 5 \times [2 \times (200 + 30) + 5] = 0$，恰无剩余。

得到：$\sqrt{55\,225} = 235$。

开立方术的几何解释思想与此类似，被开方数是千位数，则边长为十位数。一大正方体由八块立体组成（见图 2-36），除正方体 a_1^3（见图 2-37）外，第一种是三块扁状小长方体（见图 2-38），刘徽称之为"方法"；第二种是三块条状小长方体（见图 2-39），刘徽称之为"廉法"；第三种是一块角隅的小正方体（见图 2-40），刘徽称之为"隅法"。此后，方、廉、隅就成为了开方术的专门术语。

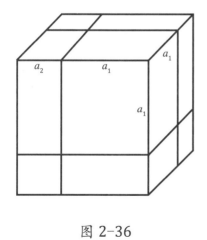

图 2-36

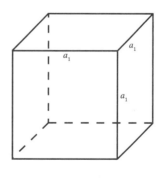

图 2-37

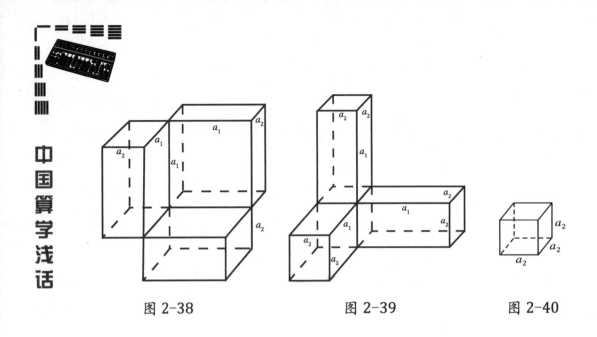

图 2-38   图 2-39   图 2-40

贾宪发现了整次幂二项式 $(x+a)^n$（n=0, 1, 2, 3，…）的展开式的各项系数所遵循的规律，设计了解决开方问题的表格，叫做"开方作法本源"，如今通常称为"贾宪三角"（见图2-41）。由于南宋数学家杨辉曾经引用，许多版本的中学数学教科书和科普读物也常常将其讹作"杨辉三角"，这是有必要厘清的。

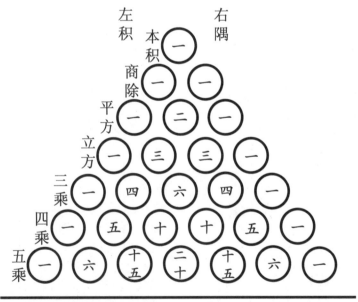

左袤（通斜）乃积数，右袤乃隅算，中藏者皆廉。
以廉乘商方，命实而除之。

图 2-41   开方作法本源图

如下展开式所示，贾宪三角就是将整次幂二项式 $(x+a)^n$ （$n=0,1,2,3,\cdots$）的展开式的系数自上而下摆成的等腰三角形数表，每一层里的数字表示 $(x+a)^n$ 展开式的各项系数：左边斜线上各个"一"字是"积" a^n 的系数，右边斜线上的各个"一"字是"隅" x^n 系数，中间的许多数字是"廉法"（包括"方法"在内） $a^{n-r}x^r$（$0<r<n$）各项的系数。见以下展开式：

$$(a+x)^0=1$$

$$(a+x)^1=x+a$$

$$(a+x)^2=x^2+2ax+a^2$$

$$(x+a)^3=x^3+3x^2a+3xa^2+a^3$$

$$(x+a)^4=x^4+4x^3a+6x^2a^2+4xa^3+a^4$$

$$(x+a)^5=x^5+5x^4a+10x^3a^2+10x^2a^3+5xa^4+a^5$$

$$(x+a)^6=x^6+6x^5a+15x^4a^2+20x^3a^3+15x^2a^4+6xa^5+a^6$$

也可见图 2-42。

```
              1
           1     1
        1     2     1
     1     3     3     1
  1     4     6     4     1
1     5    10    10     5     1
1    6    15    20    15    6    1
…      …      …      …      …      …      …
```

图 2-42

大数学家贾宪总结历代的开方法，提出立成释锁法。"释锁"，形象地将开方比喻成打开一把锁；"立成"是历算学家为计算人员准备的常数表——贾宪三角就是其"立成"。贾宪三角的提出，已经不再局限于开平方和开立方，而是推广到了任意高次方，这是一个重大突破。直到数个世纪后，阿拉伯和欧洲的一些数学家才提出过同样意义的三角形，其中以数学家帕斯卡最为著名，欧洲人称为"帕斯卡三角形"。

贾宪三角曾运用了"递加求廉"的方法，后来贾宪将其推广到开方术中，创造了"增乘开方法"，这是贾宪本人最重要的贡献，将中国古代开方术推进到一个新的阶段。相较于其他开方法，增乘开方法更加简单、刻板，容易掌握。我们以开立方为例，其步骤如下：

（1）作五行布算，从上至下依次为商、实、方、廉、隅，商量出第一位商数，将其放在合适的位置上；

（2）用商乘下法加入廉，乘廉加入方，从实中减去这个方与商数的乘积；

（3）再次用商乘下法加入廉，乘廉加入方；

（4）第三次用商乘下法加入廉；

（5）方退一位，廉退两位，下法退三位；

（6）在第一位商数的旁边，再商量出第二位商数，然后像前面步骤那样，用它来乘下法加入廉，乘廉加入方，从实中减去这个方与第二位商数的乘积；

（7）再次用第二位商数乘下法加入廉，乘廉加入方；

（8）第三次用第二位商数乘下法加入廉；

（9）与第（5）步类似，方退一位，廉退两位，下法退三位；

（10）商量出第三位商数，然后像前面步骤那样，用它来乘下法加入廉，乘廉加入方，从实中减去这个方与第二位商数的乘积，结果恰好没有余数，那么便得到了这个立方根。

以《九章算术》中求 1860867 的立方根一题为例，其步骤对照如下：

商	1
实	1860867
方	
廉	
隅	1

（1）

商	1
实	860867
方	1
廉	1
隅	1

（2）

商	1
实	860867
方	3
廉	2
隅	1

（3）

商	1
实	860867
方	3
廉	3
隅	1

（4）

商	1
实	860867
方	3
廉	3
隅	1

（5）

商	12
实	132867
方	364
廉	32
隅	1

（6）

商	12
实	132867
方	432
廉	34
隅	1

（7）

商	12
实	132867
方	432
廉	36
隅	1

（8）

第二章 辉煌成就

61

商	1 2
实	1 3 2 8 6 7
方	4 3 2
廉	3 6
隔	1

（9）

商	1 2 3
实	
方	4 4 2 8 9
廉	3 6 3
隔	1

（10）

再看贾宪《黄帝九章算经细草》的一个例题：开 1336336 的四次方。其简要步骤如下：

商	
实	1 3 3 6 3 3 6
方	
上廉	
下廉	
下法	1

（1）

商	
实	1 3 3 6 3 3 6
方	
上廉	
下廉	
下法	1

（2）

商	
实	5 2 6 3 3 6
方	2 7
上廉	9
下廉	3
下法	1

（3）

商	3
实	5 2 6 3 3 6
方	1 0 8
上廉	5 4
下廉	1 2
下法	1

（4）

商	3
实	5 2 6 3 3 6
方	1 0 8
上廉	5 4
下廉	1 2
下法	1

（5）

商	3 4
实	
方	1 3 1 5 8 4
上廉	5 8 9 6
下廉	1 2 4
下法	1

（6）

根据以上的推演，我们可以看出，与之前开三次方相比，除了算草由三层变为四层、随加随乘的步骤由三次变为四次外，过程几乎完全一致。也就是说，增乘开方法程序性极强，只要做好第一步布位定位，掌握退位步数，那么便可以很机械地沿着固定的程序进行计算，用商自下而上地递乘递加，每低一位而止，开任何次方都是如此。开方次数越高，商的位数越多，数字越大，就越能显出这种方法的

优越性，这正体现了中国古代数学最基本的特征之一——机械化。在计算机日益重要的今天，这种机械化数学生命力必将更加持久旺盛。13 世纪，秦九韶等科学家提出正负开方术，使方程的系数不局限于正数，把以增乘开方法为主导的求一元高次方程正根的方法发展到十分完备的程度。与此同时或稍后，金、元朝代时期的数学家李冶、朱世杰也对此做出了相当重要的贡献，共同将中国古代高次方程数值解法的研究推向了最高峰。

十一、古代的设未知数列方程
——天元术与四元术

天元术

若要应用开方术来解决实际问题，包含两个必要步骤：开方式造术（即根据具体情况列出方程式）和开方（求出根）。在贾宪创造增乘开方法之后，烦琐的开方计算已经变得简单多了，此时，与之相比

需要更高技巧的造术则显得尤其困难，人们期待着建立方程式的更为规范、简便的方法。

前文我们曾介绍，《九章算术》中"勾股"的例题，"城邑方出南北门"，列出了一个二次方程式（见本章"五、如何测出太阳的高度——重差术"）：

$$x^2 + (k+1)x = 2km$$

刘徽曾运用出入相补原理将其推导出来，其思想正是"演段法"的萌芽。演段，就是"演算之片段"，片段也称条段，因为演算时常用一段一段的面积表示，因而得名。演段实际上就是构造方程的几何方法。宋代数学家刘益、蒋周对演段法十分擅长，用它解决了许多复杂问题。但是，这种方法也同时被几何思维紧紧束缚着，例如，演段法将两数相乘看成面积、三数相乘视作体积，那么，四数、五数相乘又当作何解释呢？还有，演段法没有采用某种符号来表示未知数，也没有围绕着未知数来寻求与已知量的关系来构造方程式，不仅表示起来十分烦琐，还使思维走了很多冤枉路。此时，中国传统数学设未知数列方程式的方法——天元术便应运而生了。其基本思想如下：

（1）立所求的量为天元一：立天元一为某某，相当于现今的"设未知数某某为 x"。

（2）列出开方式：根据问题给出的某些已知条件，首先列出一个天元式（即含未知数的多项式），"寄左"（置于左侧）；然后再列出与之等价的另一天元式，称为"同数"；最后两式相减，就得到了一个开方式（即一元方程式）。

宋金时期曾有多部关于天元术的著作产生，但遗憾的是，这些著作绝大部分都已散佚。目前我们见到的最早使用天元术的数学著作，为金末元初大数学家李冶的《测圆海镜》，此时，天元术其实已经发展得较为成熟了。李冶对天元术作出重大改进，在《测圆海镜》中，

李冶著有一部文史笔记《敬斋古今黈（tǒu）》，上面记载，在天元术发展的早期，并不是用一个字"元"表示未知数的，而是用明显具有道教色彩的十九个字标志其上下层数的："人"表示常数项，位于中间；向上依次是"天""上""高""层""垒""汉""霄""明""仙"，为未知数的1、2、…、8、9次幂；向下依次是"地""下""低""减""落""逝""泉""暗""鬼"，为未知数的 -1、-2…-8、-9 次幂。

他将所有天元式的一次项旁边记一"元"字，或常数项的旁边记一"太"字，元上一层为未知数的二次项，又上一层为三次项，每上一层即增一次；类似地，太下一层为未知数的负一次项，又下一层为负二次项，以此类推。由于元必定在太的上一层，因此在通常情况下只需标记出二者其一就已足够。例如：

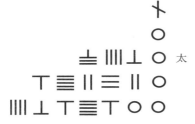

表示多项式 $x^3+336x^2+4\,184x+2\,488\,320$。

表示 $-x^2+8\,460+652\,320x^{-1}+4\,665\,600x^{-3}$。

第二章 辉煌成就

接下来，我们以《测圆海镜》卷七第二问为例。

如图 2-43 所示，假设有一座圆城，不知道它的周长、直径。路人丙从此城的南门直行 135 步后停下，甲出东门 16 步后恰好望见丙。问：此圆城的直径是多少？

解法：南行的距离 $EA=k$，东行的距离 $FB=l$，此即要求对下式进行开方（求解方程）：

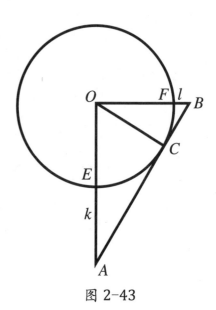

图 2-43

$$-x^4+4klx^2（k+l）x+（kl）^2=0$$

算草：设圆城的半径为 x，则 $x+135$ 为股，$x+160$ 为勾。勾股相乘得 $x^2+151x+2\,160$，除以 x，弦 $x+151+\dfrac{2\,160}{x}$。自乘，得弦幂

$$x^2+302x+27\,121+\frac{652\,320}{x}+\frac{4\,665\,600}{x^2}$$

，寄左。以勾自乘，得 $x^2+32x+256$；又以股自乘，$x^2+270x+1\,822\,250$，勾方与股方相加，得 $2x^2+302x+18\,481$，为同数。寄左与同数两式相减，得到开方式（两式对减后的开方式，不再标出"元"或"太"字）：

$$-x^2+8\,640+\frac{652\,320}{x}+\frac{4\,665\,600}{x^2}=0$$

两端同时乘以 x^2，得到：

$$-x^4+8\,640x^2+652\,320x+4\,665\,600=0$$

进行开方，即得：

$$x=120$$

由此计算出此圆城的半径为 120 步。

1259 年，李治撰成《益古演段》一书，同样用到了天元术，其表示法与《测圆海镜》相反，采取低次幂在上，高次幂在下的方式。这是天元术最成熟的表达方式，此后王恂、郭守敬、朱世杰等数学家都

采取这种方式。

四元术

在天元术的基础上，宋金元数学家又将其与方程术结合起来，进一步创造了二元术、三元术并最后由元代大数学家朱世杰创造了四元术，由一个未知数的高次方程逐渐发展出了四个未知数的高次方程组。

四元术的"四元"分别为天元、地元、人元和物元，类似于今天的未知数 x, y, z 和 u，在表示时，常数项居中，旁边记一"太"字，天元幂系数居下，地元居左，人元居右，物元居上，其幂次由它们与"太"字的位置关系决定，不必再记出天、地、人、物等字样，距"太"字越远，幂次越高，相邻两元幂次之积记入相应行列的交叉处，不相邻的幂次之积没有相应位置，权且放在合适的夹缝中。

				…		…
…	物²地²	物²地	物²	人物²	人²物²	…
…	物地²	物地	物	人物	人²物	…
…	地²	地	太	人	人²	…
…	地²天	地天	天	天人	天人²	…
…	地²天²	地天²	天²	天²人	天²人²	…
…	…	…	…	…	…	…

u^2y^2	u^2y	u^2	u^2z	u^2z^2
uy^2	uy	u	uz	uz^2
y^2	y	太	z	z^2
y^2x	yx	x	xz	xz^2
y^2x^2	yx^2	x^2	x^2z	x^2z^2

四元布列

第二章　辉煌成就

例如方程式 $x^2+y^2+z^2+u^2+2xy+2xz+2yz+2yu+2xyz+2yzu=0$ 用筹式

表示为 。

朱世杰《四元玉鉴》是关于天元术、四元术的内容最为丰富的著作，四元术的方程组表示法是天元术的方程表示法的推广。之后，运用四元消法，将三元或四元高次方程组消减为二元高次方程组，再进一步消为关于其中某一元的二元一次方程组，最终消成一个一元高次方程式，再进行开方就能够得到结果。这种思想给我国当代著名数学家吴文俊先生以很大的启发，他创立的电子计算机解多元高次方程组方法称为"吴方法"，便借鉴了朱世杰四元术中可机械执行的消元法思想。

四元术是中国传统数学的重要成就，类似于《九章算术》的方程术，它所应用的也是分离系数表示法，使得多元高次方程的构造以及逐步消元的具体演算都变得简便、清晰。在它的基础上，是否还能进一步研究创造出五元术、六元术甚至更多元呢？在今天看来，由于受到筹算系统的限制，除非进行重大变革，否则是无法做到的。

十二、堆垛的酒坛知多少——垛积术

《九章算术》"盈不足"章有一道例题，说一匹良马和一匹劣马从长安出发赶往齐国。齐国与长安相距 3 000 里。良马第一日走 193 里，每日增加 13 里；而劣马第一日走 97 里，每日减少 $\frac{1}{2}$ 里。良马先到达齐国，又回过头来迎接劣马。问它们几日相逢及各走多少路程？

《张丘建算经》有一道例题："今有女子不善织，日减功迟，初日织五尺，末日织一尺，今三十日织迄。问织几何？"意思是说，有一女子不善织布，织布一天比一天少。第一天织布 5 尺，最后一天织布 1 尺，前后织了 30 天。问一共织了多少布？此题中首项 a_1=5，末项 a_n=1，张丘建给出另一等差级数前 n 项和公式 $S_n=\dfrac{1}{2}(a_1+a_n)\,n$，代入得 $S_n=\dfrac{1}{2}(5+1)\times30=90$ 尺。

从总体上看，这道题和我们前面介绍的"二鼠打洞"思路基本一致，可用盈不足术求出其近似解。此外值得注意的是，良马与劣马每日所行里数分别构成了两个等差数列，在求良马和劣马 15 日所行总里数时，《九章算术》实际上使用了如下的公式：

$$S_n=\left[a_1+\frac{(n-1)\,d}{2}\right]n$$

其中，n 为项数，a_1 为首项，d 为公差（后项与前项的差）。

这是中国数学史上第一次有记载的等差级数求和公式。

《九章算术》之后，刘徽、张丘建等数学家又对等差级数求和问题进行进一步的研究。在此基础上，宋元时期数学家对高阶等差级数求和问题的研究取得了很高成就。当时，手工业迅猛发展，生产了大量的坛子、罐子、瓶子之类的物品，它们堆垛在一起的景象随处可见，有的堆成刍童（本义为平顶草垛）状，有的堆成方锥状，等等。如何知晓它们的数目呢？挨个地去数？坛子堆积如山，其个数常常以千或

万计，这么做不仅太费工夫，也很容易出现差错。想一想，总该有一些巧妙的办法。

第一个想出好办法的是北宋大科学家沈括。沈括博学多闻，善于思考，他观察到，叠在一起的棋子、阶梯状的平台、层层堆垛的酒坛等，与刍童形较为接近，不过，由于它们的边缘处存在空隙，若用《九章算术》中的刍童（见图 2-44）体积公式（$V=\frac{1}{6}[(2b_1+b_2)a_1+(2b_2+b_1)a_2]h_0$）进行计算的话，数值偏小。

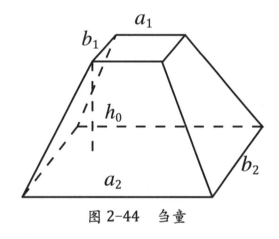

图 2-44　刍童

经过思考，沈括在他著名的科技笔记《梦溪笔谈》中提出：

设坛子垛的上底宽 a（在这种情形下，每个坛子的长度为单位 1，则坛子个数即为边长），长 b，下底宽 a'，长 b'，高 h 层，且 $a'-a=b'-b=h-1$，则其体积即酒坛总数：

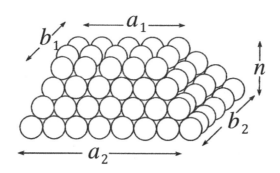

$$S=a_1b_1+(a_1+1)(b_1+1)+(a_1+2)(b_1+2)+\cdots+a_2b_2$$

$$=\frac{n}{6}[(2a_1+a_2)b_1+(2a_2+a_1)b_2+(a_2-a_1)]$$

沈括将这种方法称作"隙积术"。可以看出，它相邻两项之差不相等，但每相邻两差的差相等，今又称为二阶等差级数，如表 2-1 所示。

表 2-1

级数	a_1b_1	$(a_1+1)(b_1+1)$	$(a_1+2)(b_1+2)$	$(a_1+3)(b_1+3)$	$(a_1+4)(b_1+4)\cdots$
一阶差	a_1+b_1+1		a_1+b_1+3	a_1+b_1+5	a_1+b_1+7	$\cdots$
二阶差		2	2	2	2 $\cdots$

后来，南宋数学家杨辉在《详解九章算法》中也曾给出过同样的公式，而且取了一个相近的名字——垛积术。此外，他还提出了三种特殊情况：

当 $a_1=b_1=1$，$a_2=b_2=n$ 时，

$$S_n=1^2+2^2+3^2+\cdots+n^2$$
$$=\frac{1}{3}n(n+1)(n+\frac{1}{2})$$

当 $a_1=b_1$，$a_2=b_2$ 时，

$$S_n=a^2+(a+1)^2+(a+2)^2+\cdots+(b-1)^2+b^2$$
$$=\frac{n}{3}(a^2+b^2+ab+\frac{b-a}{2})$$

令 $a_1=1$，$b_1=2$，$a_2=n$，$b_2=n+1$，得到：

$$1\times2+2\times3+3\times4+\cdots+n(n+1)=\frac{1}{3}n(n+1)(n+2)$$

两端同时除以 2，则：

$$S_n = 1+3+6+10+\cdots+\frac{n(n+1)}{2}$$
$$= \frac{1}{6}n(n+1)(n+2)$$

元代数学家朱世杰将垛积术的研究推向最高峰，其著作《四元玉鉴》给出了如下一系列垛积公式：

（1）茭草垛（或称茭草积）：

$$S_n = \sum_{r=1}^{n} r = 1+2+3+\cdots+n$$
$$= \frac{n}{2!}n(n+1)$$

（2）三角垛（或落一形垛）：

$$S_n = \sum_{r=1}^{n} r \frac{1}{2!}r(r+1)$$
$$= 1+3+6+\cdots+\frac{1}{2}n(n+1)$$
$$= \frac{1}{3!}n(n+1)(n+2)$$

（3）撒星形垛（或三角落一形垛）：

$$S_n = \sum_{r=1}^{n} r \frac{1}{3!}r(r+1)(r+2)$$
$$= 1+4+10+\cdots+\frac{1}{3!}n(n+1)(n+2)$$
$$= \frac{1}{4!}n(n+1)(n+2)(n+3)$$

（4）三角撒星形垛（或撒星更落一形垛）：

$$S_n = \sum_{r=1}^{n} r \frac{1}{4!}r(r+1)(r+2)(r+3)$$
$$= 1+5+15+\cdots+\frac{1}{4!}n(n+1)(n+2)(n+3)$$
$$= \frac{1}{5!}n(n+1)(n+2)(n+3)(n+4)$$

（5）三角撒星更落一形垛：

$$S_n = \sum_{r=1}^{n} r \frac{1}{5!}r(r+1)(r+2)(r+3)(r+4)$$
$$= 1+6+21+\cdots+\frac{1}{5!}n(n+1)(n+2)(n+3)(n+4)$$
$$= \frac{1}{6!}n(n+1)(n+2)(n+3)(n+4)(n+5)$$

中国算学浅话

首先，我们看到，以上 5 个公式，后面公式的第 n 项正好等于它前一个的前 n 项和。见图 2-45。

接着，我们再将这些公式和朱世杰的"古法七乘方图"（见图 2-46）进行对比，你是否能找到其中的规律？

这本是我们熟悉的贾宪三角，只是朱世杰用两组平行于左、右两斜线的平行线将贾宪三角的各数连结了起来，成为朱世杰解决高阶等差级数求和问题的主要工具。朱世杰的用意是什么呢？

从图 2-45 中可以看出，上述各级数依次是贾宪三角第 2、3、4、5、6 条斜线上的数字，而其和恰恰是第 3、4、5、6、7 条斜线上的第 n 个数字。我们以第（2）个公式为例，1、3、6、…、$\frac{1}{2}n(n+1)$ 正是贾宪三角第 3 条斜

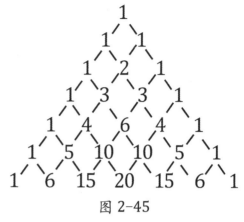

图 2-45

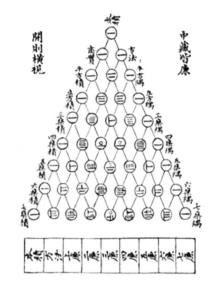

图 2-46 古法七乘方图

线上的各个数字，而当 $n=1$ 时，此级数的和为 $S=1$，对应于第 4 条斜线上的第 1 个数；当 $n=2$ 时，和为 $S=4$，对应于第 4 条斜线上的第 2 个数字；当 $n=3$ 时，和为 10，对应于第 4 条斜线上的第 3 个数字；当 $n=\frac{1}{3!}n(n+1)(n+2)$，和分别对应于第 4 条斜线上的第 n 个数字。

由此可知，朱世杰已经掌握其一般公式：

$$\sum_{r=1}^{n} r \frac{1}{p!} r(r+1)(r+2)\cdots(r+p-1)$$

$$= \frac{1}{(p+1)!} n(n+1)(n+2)\cdots(n+p)$$

当 p=1、2、3、4、5 时分别便是上述各特殊公式。

招差术，是将高阶等差数列的通项分解为三角垛通项（p=1、2、3…，项数递减一），最早被中国古代天文学家应用于天体运动的推算。元朝朱世杰则以此将高阶等差级数的求和问题演进到十分完备的程度。他的著作《四元玉鉴》中有一个题目：今有官府按立方的数目来招募士兵。第一天招兵数是 3^3，第二天招兵数是 4^3，第三天招兵数为 5^3，以此类推，一直招到 15^3。问一共招到了多少个士兵？

设日数为 x，$f(x)$ 为第 x 日共招兵数，则每日招兵数为 $(2+x)^3$，当 x=1、2、3、4… 时，$f(x)$ 的值及逐级差如表 2-2 所示。

表 2-2

日数	累日招兵人数	每日招兵人数（上差，Δ）	二差，Δ^2	三差，Δ^3	四差，Δ^4
		3^3=27			
1	27		37		
		4^3=64		24	
2	91		61		6
		5^3=125		30	
3	216		91		6
		6^3=216		36	
4	432		127		…
		7^3=343		…	
5	775		…		
		…			
…	…				

四阶差相等，五阶差就为零了。一阶差到四阶差分别与上积 n、

二积 $\sum_{r=1}^{n-1} r = \dfrac{1}{2!}n(n-1)$、三积 $\sum_{r=1}^{n-2} r(r+1) = \dfrac{1}{3!}n(n-1)(n-2)$、下积

$\sum_{r=1}^{n-3} r(r+1)(r+2) = \dfrac{1}{4!}n(n-1)(n-2)(n-3)$ 相乘，再相加，就得到了

前 n 次共招兵人数 $f(n)$ 的计算公式：

$$f(n) = n\Delta + \frac{1}{2!}n(n-1)\Delta^2 + \frac{1}{3!}n(n-1)(n-2)\Delta^3$$

$$+ \frac{1}{4!}n(n-1)(n-2)(n-3)\Delta^4$$

这一公式与 17 世纪出现的牛顿插值公式，无论形式上和实质上都是完全一致的，不过比之早了近五百年。

十三、韩信点兵的秘密

——孙子定理和大衍总数术

相传，西汉大将韩信足智多谋，用兵如神，甚至在计算士兵数目上也有独特的秘诀，他不需要挨个去数，仅通过改变几次队列就能够

清楚地知晓士兵的数目。有一次，他让麾下的士兵站成三人一排，余下两人；更换队形，每五人站成一排，余下三人；又改为七人站成一排，余下二人。由此韩信便将士兵的数目脱口而出："二十三人！"

韩信究竟是用什么方法得到士兵数目的呢？

这个数学谜题，实际上就是《孙子算经》中的"物不知数"问题："今有物不知其数，三三数之剩二；五五数之剩三；七七数之剩二。问物几何？答曰：二十三。"这是数论中的一次同余方程组问题，用现代符号表示，此题即：

设 $N \equiv 2 (mod 3) \equiv 3 (mod 5) \equiv 2 (mod 7)$，求最小的正整数 N。

《孙子算经》给出的解法是：

$$N = 2 \times 70 + 3 \times 21 + 2 \times 15 - 2 \times 105 = 23$$

其中，2、3、2 依次为"三三数之""五五数之""七七数之"的余数；

$$70 = 2 \times 5 \times 7 \equiv 1 (mod 3)$$

$$21 = 1 \times 3 \times 7 \equiv 1 (mod 5)$$

$$15 = 1 \times 3 \times 5 \equiv 1 (mod 7)$$

明代数学家程大位曾专门给这个问题写了四句诗，以便背诵它的解题方法：

三人同行七十稀，
五树梅花廿一枝。
七子团圆正半月，
除百零五便得知。

（诗中给出了数字70、21、15 和105，答案23）

同余是数论中的一个重要概念，给定一个正整数 m，如果两个整数 a、b，使 $a-b$ 被 m 整除，就称 a、b 对模 m 同余，记作 $a \equiv b(\bmod m)$，读作 a 与 b 对模 m 同余。

可以看出，《孙子算经》实际上应用了下面的定理：

若 A_i（$i=1, 2, \cdots, n$）是两两互素的正整数，$R_i < A_i$，R_i 也是正整数（$i=1, 2, \cdots, n$），正整数 N 满足同余方程组：

$$N \equiv R_i(\bmod A_i) \qquad i=1, 2, \cdots, n$$

如果能找到一组正整数 k_i，使：

$$k_i \frac{\prod\limits_{j=1}^{n} A_j}{A_i} \equiv 1(\bmod A_i), i=1, 2, \cdots, n$$

则：

$$N \equiv \sum_{i=1}^{n} R_i k_i \frac{\prod\limits_{j=1}^{n} A_j}{A_i} (\bmod \prod_{j=1}^{n} A_j)$$

这个定理在西方被称为"中国剩余定理"，看起来像是对中国古代数学的推崇，实则恰恰相反。西方人对于中国传统数学知之甚少，

古代天文学家在制定历法时，一定要以远古某年甲子日恰好是夜半朔旦冬至、日月五星行度也相同的那一天作为起算的开始。有这么一天的年度称为上元，从上元到编订历法那年所积累的年数，称为上元积年。

理论上，日月五星各有自己的运动周期和假定的起点，这些起点的时刻距离某年十一月朔前面的甲子夜半各有一个时间差数。以各个周期和相应的差数来推算上元积年，是一个整数论上的一次同余方程问题。

甚至认为不值一提，而当他们得知这项数学成就时，惊讶之下便干脆冠以国名——可见，他们对中国传统数学是怀着怎样的偏见！

"物不知数"在现代数学中为一次同余方程组解法问题，中国古代历算学家在制定历法推算上元积年时常用。尽管如此，没有人把它的理论基础给予应有的发展。直到南宋时期，秦九韶在中国数学史也是世界数学史上第一次提出一次同余方程组的完整解法，称作"大衍总数术"。他将各 k_i 叫做乘率，各 A_i 叫做定数，$\prod\limits_{j=1}^{n} = {}_1 A_j$ 叫做衍母，$\dfrac{\prod\limits_{j=1}^{n} A_j}{A_j}$ 叫做衍数，其核心部分求乘率的方法称为大衍求一术。

为叙述方便，下面我们将衍数记为 G，定数记为 A，乘率记为 k，求一术变为在 A、G 互素的情况下求满足 $kG \equiv 1(mod\ A)$ 的 k 值。秦九韶首先提出，如果 $G>A$，若 $G \equiv g(mod\ A)$，$0<g<A$，则 $kg \equiv 1(mod\ A)$ 与 $kG \equiv 1(mod\ A)$ 等价，这相当于现代同余方程理论中的传递性。因此问题变成了求满足 $kg \equiv 1(mod\ A)$ 的 k。求一的过程为：将 g 置于右上方，A 置于右下方，左上置天元一，g 与 A 辗转相除，商依次是 q_1、q_2、$\cdots$，余数是 r_1、r_2、$\cdots$，按一定规则在左下、左上计算 c_1、c_2、$\cdots$，直到右上 $r_n=1$ 为止（此时 n 必定是偶数），则左上的 $c_n = q_n c_{n-1}+c_{n-2}$ 便是所求的 k 值。用现代符号表示就是：

天元1	g
	A

1	g
	$A = gq_1+r_1$

1	$g = r_1 q_2 + r_2$	
$c_1 = q_1$	r_1	q_1

$c_2 = q_2c_1 +1$	r_2	q_2
c_1	$r_1 = r_2 q_3 +r_3$	

中国算学浅话

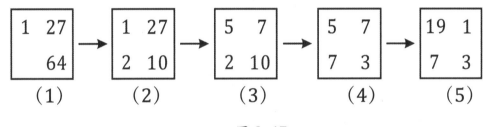

$$\frac{c_2}{c_3 = q_3 c_2 + c_1} \quad \begin{array}{|cc} r_2 = r_3 q_4 + r_4 \\ r_3 \quad\quad q_3 \end{array} \qquad \begin{array}{cc} r_4 \quad\quad q_4 \\ \hline r_3 = r_4 q_5 + r_3 \end{array}$$

$$\cdots\cdots \frac{C_{x-2}}{c_{x-1} = q_{x-1} c_{x-2} + c_{x-3}} \quad \begin{array}{|cc} r_{x-2} = r_{x-1} q_x + 1 \\ r_{n-1} \quad\quad q_{x-1} \end{array}$$

$$\frac{C_x = q_x c_{x-1} + c_{x-2}}{C_{x-1}} \quad \begin{array}{|cc} r_x = 1 \quad\quad q_x \\ r_{n-1} \end{array} .$$

这里要计算到左上 r_n=1，因此才称为"求一"。

我们举一个例子来简要地解释这个过程，令 g=27，A=64，$27k \equiv 1 \pmod{64}$。可画图，如图 2-47 所示。

图 2-47

（1）在筹算板上布置，如图 2-47（1）所示。

（2）第一次除法：用右下 64 除以右上 27，得余数 r_1=10，留在右下角。所得商数 q_1=2 与左上的天元一相乘，得到 2，加入左下 0，成为 2，如图 2-47（2）所示。

（3）第二次除法：用右列的多 27 除以右列的少 10，余数 r_2=7 留于右上；商数 q_2=2 立即与左下 2 相乘，加到左上的 1 中，，成为 5，如图 2-47（3）所示。

（4）第三次除法：右列的多 10 除以右列的少 7，余数 r_3=3 留在右下；所得商数 q_3=1 与左上 5 相乘，加入左下的 2，成为 7，如图 2-47

（4）所示。

（5）第四次除法：右列的多 7 除以右列的少 3，余数 $r_4=1$ 留在右上；所得商数 $q_4=2$ 与左下 7 相乘，加入左上的 5，成为 19，如图 2-47（5）所示。

通过四次运算之后，检视右上角已经为 1，那么左上的 19 就是秦九韶所说的乘率，即 $k=19$。

中国古代数学具有明显的程序化特点，大衍求一的过程就是一个典型，整个算法几乎可以一字不差地搬到现代电子计算机上实现，可将其翻译成程序框图，如图 2-48 所示。

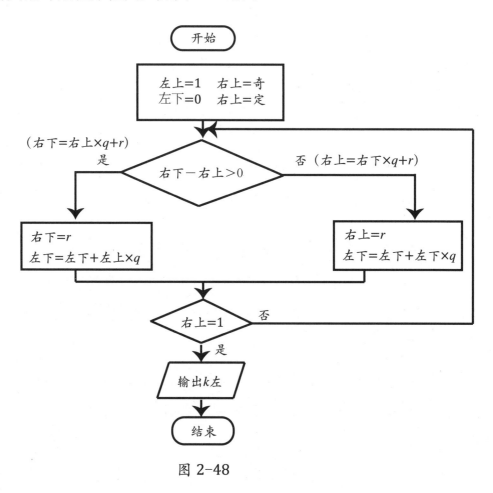

图 2-48

秦九韶将大衍总数术的应用大大扩展，除历法推算外，还广泛用于建筑、行程、粟米交易等多种问题，甚至在其著作《数书九章》大衍章中还曾被用来断案！下面我们就来看看这个有趣的案例：

有一米铺投诉被小偷盗走三箩筐米，但是并不知道每箩筐米有多少。目前只知道左边的箩筐还剩米 1 合，中间的箩筐剩米 14 合，右边的箩筐剩米 1 合。后来捉到了盗米贼甲、乙、丙三人。甲招供说，当夜他摸得一只马勺，用它一勺勺将左箩的米舀入布袋；乙说，夜里他踢着一只木履，用它将中箩的米舀入布袋；丙说，他摸得一只漆碗，用它将右箩的米舀入布袋。三人将米偷回家食用，时间久了也不记得具体数目，最后只交出了作案工具。量得一马勺容 19 合，一木履 17 合，一漆碗 12 合。问共丢失的米数及三人所盗的米数。

本题相当于求同余方程组 $N \equiv 1 \pmod{19} \equiv 14 \pmod{17} \equiv 1 \pmod{12}$ 的解 N。

中国算学浅话

此题中，定数就是 19、17、12，衍母为 $19 \times 17 \times 12 = 3\,876$，衍数依次为 $17 \times 12 = 204, 19 \times 12 = 228, 19 \times 17 = 323$。求分别满足 $k_1 \times 204 \equiv 1\,(mod\,19), k_2 \times 228 \equiv 1\,(mod\,17), k_3 \times 323 \equiv 1\,(mod\,12)$ 的乘率 k_1、k_2、k_3。由于衍数分别大于定数，便用定数减衍数，得到奇数 14、7、11。问题变成求分别满足 $k_1 \times 14 \equiv 1\,(mod\,19)$，$k_2 \times 7 \equiv 1\,(mod\,17)$，$k_3 \times 11 \equiv 1\,(mod\,12)$ 的 k_1、k_2、k_3。

求 k_1 的方程：

1	14
	$19 = 14 \times 1 + 5$

1	$14 = 5 \times 2 + 4$	
1	5	1

$2 \times 1 + 1 = 3$	4	2
1	$5 = 4 \times 1 + 1$	

3	$4 = 1 \times 3 + 1$	
$1 \times 3 + 1 = 4$	1	1

$3 \times 4 + 3 = 15$	1	3
4	1	

故 $k_1 = 15$。

求 k_2 的方程：

1	7
	$17 = 7 \times 2 + 3$

1	$7 = 3 \times 2 + 1$	
$2 \times 1 = 2$	3	2

$2 \times 2 + 1 = 5$	1	2
2	3	

故 $k_2 = 5$。

求 k_3 的方程：

1	11
	$12 = 11 \times 1 + 1$

1	$11 = 1 \times 10 + 1$	
1	1	1

$1 \times 10 + 1 = 11$	1	10
	1	

故 $k_3 = 11$。

于是：

$N \equiv 1 \times 15 \times 204 + 14 \times 5 \times 228 + 1 \times 11 \times 323 \pmod{3\,876}$

$\quad \equiv 22\,573 \pmod{3\,876} = 3\,193$

最后得到，每箩米数 3 193 合，甲、丙盗米各为 3 192 合，乙盗米 3 179 合，共盗米 9 563 合。

第三章 数学史话

一、算经之首——《九章算术》

《九章算术》是中国传统数学最重要的著作。在古代，人们将那些影响深远、意义重大的数学著作称为"算经"，《九章算术》因其崇高的地位被尊为"算经之首"，在成书之后两千余年的历史中，一直为古人研习数学的必读之书。

春秋战国时期，社会发生急剧变革，生产力迅速发展，人们时常要面对土地测量、粟米交换、战利品分配、工期计算、测高望远等问题，积累了大量的数学知识。与此同时，知识分子们自由地表达政治、思想主张，不同的学派间互相争鸣，大大推动了数学理论的发展。在这种背景下，《九章算术》的主体内容逐渐成型。

20世纪80年代湖北张家山汉墓中出土了竹简《算数书》，内容绝大多数为秦或先秦时期完成的，有100多条算法，80多道题目，约三分之二的篇幅为抽象性的术文，包含世界上最早的分数四则运算法则、比例算法、盈不足术等，是由多种古算书杂糅而成的著作。它虽不是《九章算术》的前身，但已经具备中国传统数学著作的某些特点。

然而，秦始皇统一六国后，为加强对人民的思想禁锢，残暴地将医药、卜筮、种树等之外的书籍统统焚毁，以《九章算术》为代表的算学书籍也没能幸免于难。不久之后，秦朝在浩荡的农民起义中灭亡，经过多年战乱，屡遭破坏的《九章算术》的内容已经所剩无多。汉高祖刘邦击败项羽，建立起强盛的西汉王朝，其开国功臣中有一位精通算学的学者，名叫张苍。张苍收集残存的《九章算术》遗篇，重新整理和编纂，并增补了新的数学题目和数学方法。后来，汉宣帝时期负责掌管全国财政经济的大司农中丞耿寿昌，又在前人工作的基础上对《九章算术》的内容进一步增补、总结，这部算经才终于呈现出我们今日所见的模样。

张苍（？—前152）：西汉初政治家、数学家、天文学家，《九章算术》的整理者。阳武（今河南省原阳县）人。早年受教于荀子，秦朝时曾担任御史，负责掌管图书典籍。后参加刘邦起义军，因功封为北平侯。由于精通算学，被任命为"计相"，总管全国的财政统计工作，还曾参与历法、度量衡制度的改革等。汉文帝时担任丞相，后辞职，寿逾百岁。

张苍

在西周初年，摄政的周公在制定国家典章制度的时候，规定当时的贵族子弟必须学习礼、乐、射、御、书、数这六门课程，即"六艺"，其中"数"就是指数学。当时，数学这门功课的主要内容被分成九个

85

部分，称为"九数"。当时"九数"的内容尚不完全清楚，不过到春秋战国时期，便形成了方田、粟米、差分、少广、商功、均输、盈不足、方程、旁要等"九数"。在汉代，勾股、重差发展起来，张苍等整理《九章算术》，将勾股并入"旁要"，并改名为"勾股"。

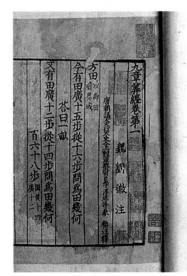

九章算术

《九章算术》的"九章"分别是：

方田：用于处理土地面积问题。本章主要讨论各种图形面积（如长方形、三角形、梯形、圆形、球冠形、弓形、圆环形）的计算方法，并在世界上最早提出了分数四则运算法则。

粟米：用于处理互相交换、抵押问题。本章卷首给出了粝米（糙米）、御米（供宫廷食用的高档精米）、菽（大豆）、荅（小豆）、麻（芝麻）等各种谷物互换标准——粟米之率，核心内容是提出了以"今有术"为主体的比例算法。

衰（cuī）分：先秦常称为差（cī）分，即按一定的比例分配，用于处理物品分配及赋税合理负担等问题。本章的主要成就是提出了比例分配算法。

少广：本义是小广，即田地的广（东西长度）小于纵（南北长度），用于处理面积与体积的逆运算。本章提出了世界上最早的开平方与开立方程序。

商功：本义是商量土方工程量的分配，用于解决土建工程及体积问题。本章讨论各种立体体积公式及工程分配方法。

均输：原意为平均分配贡赋、劳役，用于解决路途远近、劳费问题。

本章包括赋税的合理负担问题，以及一些算术杂题。

盈不足：先秦常作"赢不足"，本章专门讨论了盈不足术及其应用。

方程：在世界上最早提出线性方程组解法"方程术"和正负数加减法则"正负术"。

勾股：本章围绕勾股形进行讨论，包括勾股定理、解勾股形、勾股容方、勾股容圆及一些简单的测望问题。

《九章算术》全书以计算为中心，共 246 道与实际生产生活相关的应用问题，90 多条抽象性算法，基本上采取以算法统率应用问题的形式，创造了很多领先世界的卓越成就。它确立了中国传统数学的框架，奠定了此后中国数学位居世界前列千余年的基础，对后世影响极为深远。

二、古代世界数学泰斗——刘徽

刘徽，史籍无传，生平不详，目前仅知的，是他主要活动于魏晋时期。据考证，其籍贯为淄（zī）乡，今山东邹平。

据《晋书》《隋书》的《律历志》记载，刘徽于三国魏景初四年撰《九章算术注》十卷，其第十卷名《重差》，系刘徽自撰自注，后以《海岛算经》为名单行，与《九章算术》一道列入"算经十书"。

根据现存资料，刘徽是中国古代最伟大的数学家，是中国传统数学理论的奠基者，曾取得无数辉煌成就：

（1）在世界数学史上首次将无穷小分割和极限思想引入数学证明，超过了古希腊数学的同类思想；

（2）首创求圆周率近似值的科学程序并算出 $\dfrac{175}{50}$ 和 $\dfrac{3927}{1250}$ 两个近似值，为后来中国圆周率计算方面领先世界千余年奠定了重要基础；

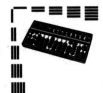

（3）将多面体体积理论建立在无穷小分割之上，与现代数学的多面体体积理论完全一致；

（4）曾设计牟合方盖，为祖冲之父子彻底解决球体积问题指出了正确的途径；

（5）发展了率和齐同原理，将其作为"算之纲纪"；

（6）发展完善了重差理论，提出重表、累矩、连索三种主要测望方法，对当时的地图学的发展影响极大。

刘徽认为，数学就像一株大树，枝条虽然繁多，但实际上全部由一根树干生发出来，形成一个完整的数学体系——这与近代人们所说的"数学树"理论十分相似。

现代画家常将刘徽绘成一位耄耋老人，这是不符合历史真相的。实际上，像很多历史上早慧的英才一样，刘徽完成《九章算术注》时可能年纪尚不足30岁。

魏晋时期社会动乱，思想解放，越来越多的知识分子从汗牛充栋的典籍中挣脱出来，开始从《周易》《老子》《庄子》中探寻学问的幽深大道，这就是后世所说的"魏晋玄学"。当时的玄学家们常常为辨析事物遵循的规律，而围绕着一个命题彼此之间反复诘问，极大地促进了当时数学理论的发展。

刘徽本人博学多才，自幼便研习《九章算术》，对于《周礼》《论语》《庄子》等儒、道典籍也相当熟悉，对于先秦诸子中擅长抽象思维的墨家更是推崇。此外必须提到的是，刘徽的学术品格非常高尚，讲究实事求是。例如，他指出《九章算术》中的开立圆术存在错误并设计了牟合方盖，最终功亏一篑没能彻底解决求出其体积。但是，刘徽"知之为知之，不知为不知"，并没有掩饰自己的不足，而是提出存在的问题，启发后学继续钻研，可称高风亮节。

三、古代的数学教材——十部算经

隋唐时期，朝廷在当时的最高学府国子监中设立算学馆，专门培养数学人才。负责教学工作的，是算学博士（类似于现在的数学教授）和助教；所用的教材，是太史令李淳风等人整理的汉唐算学著作：《周髀算经》《九章算术》《海岛算经》《孙子算经》《夏侯阳算经》《缀术》《张丘建算经》《五曹算经》《五经算术》《缉古算经》，共十部，后总称为"算经十书"，现将除《九章算术》和《海岛算经》外的另八部介绍如下。

李淳风（602—670），岐州雍（今陕西省凤翔县）人，唐初天文学家、数学家。他自幼博览群书，对天文、星占、历算尤感兴趣。他曾任太史丞，撰多部史书的天文、算学部分，保存大量宝贵的古代算学资料。李淳风于唐太宗贞观二十二年（648年）受诏与国子监算学博士梁述、太学助教王真儒等一起整理、注释"十部算经"，为汉唐算学资料的保存做出了重大贡献。但总体来讲，李淳风等注释水平不高，在《九章注释》中还曾多次对刘徽进行无端指责。

周髀算经

《周髀算经》原名《周髀》，髀（bì）指的是圭表，它实际上是一部天文学著作，在中国历史上最早采用数学的方法来阐释古代宇宙理论盖天说，其具体成书年代难以确定，但不会晚于公元前100年前后。

本书的开头，记载了西周初年（公元前 11 世纪）商高答周公的一段话，提出了勾股定理的一个特例 $3^2+4^2=5^2$ 并阐述了数学方法在测天量地、制定历法中的巨大作用。之后是陈子展开的一段关于数学和学习方法的精彩论述。陈子认为，学习数学关键要做到"类以合类"，弄清一类问题后掌握其根本规律便能够通达万事，广博积累、深入研究、融会贯通三个阶段是必须经历的三个数学学习过程。

东汉（一说三国）数学家赵爽曾为《周髀算经》做过注释，其中成就最大的是"勾股圆方图"注部分，介绍了 9 个解勾股形公式及其运用出入相补原理进行证明的过程，前后仅 500 余字，非常简明。

孙子算经

《孙子算经》常被误认为春秋时期军事家孙武所作，事实上，它是公元 400 年左右的一部入门算书，作者不详。与《九章算术》不同，《孙子算经》的术文抽象程度不高，一术仅适用于一题。"近代数学家研究了丢番图的 100 个题后，去解第 101 个题仍感到困难"——这句话同样可用来描述《孙子算经》。

《孙子算经》最值得称道的是卷下"物不知数"问题，为全世界数学著作中第一个同余方程组解法问题。此外，书中有一个妇孺皆知的"鸡兔同笼"问题，生动有趣，在后世广为流传，历千年而不衰。

今鸡兔同笼，上有三十五头，下有九十四足，问鸡兔各几何？

《张丘建算经》

北魏张丘建撰。张丘建，生平不详，清河（今山东、河北交界处）人。

《张丘建算经》的主要成就，一是发展了等差级数问题，二是闻名世界的"百鸡问题"。百鸡问题为全书最后一问，题目为：一只公鸡的价格是 5 钱，一只母鸡的价格是 3 钱，三只小鸡的价格是 1 钱。用 100 钱恰买 100 只鸡，问公鸡、母鸡、小鸡各多少只？

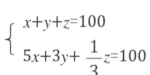

这是一道不定方程问题，设公鸡、母鸡、小鸡的数目分别为 x、y、z，则：

$$\begin{cases} x+y+z=100 \\ 5x+3y+\dfrac{1}{3}z=100 \end{cases}$$

张丘建给出了全部三组正整数解，分别为（4，18，78），（8，11，81）和（12，4，84）。这是如何得出的，书中没有提示，成为清中叶之后人们研究的重要课题。

缀术

《缀术》一作《缀述》，南朝祖冲之著，有人称是其子祖暅（gèng）之著。

祖冲之（429—500 年），字文远，祖籍范阳郡道（qiú）县（今河北省涞水县）。出身于仕宦之家，自幼即受到良好教育，显出明显的历算才能，青年时便成为有影响的学者，进入当时的朝廷科研机关"华林学省"。祖冲之 33 岁时，完成了当时最为精密的历法《大明历》，

第三章 数学史话

由于遭到守旧官僚的反对，《大明历》未能施行，为此他上书驳斥，据理力争，充分表现了反对迷信、实事求是的科学精神。祖冲之才华横溢，不仅精通数学、天文，对于哲学、文学、音乐等也有很高造诣，同时又是一位杰出的机械制造专家，曾造出指南车、欹（qī）器以及千里船、水碓磨、木牛流马等，是一位"百科全书式"的伟大人物。

祖暅之，一作祖暅，字景烁，祖冲之之子，自幼继承家学，极具钻研精神，当他沉浸于思考时，对于周围发生的一切浑然不觉，有一次他走路时思考问题，竟一头撞到了仆射徐勉身上，直到徐勉唤他，他才醒悟过来。祖暅之也是一位杰出的数学家、天文学家，在其父的基础之上继续研究，取得丰硕成果，而《大明历》也是在祖暅之的推动下才最终颁行，他确实可称得上析薪克荷了。

《缀术》是一部水平很高的伟大著作，被称为算经之最。但遗憾的是，隋唐的数学水平远远不及魏晋南北朝，以至连当时最高级别的学者算学博士都不能理解其中的深奥内容，《缀术》因此而无人问津，渐渐失传。根据前代遗存的历史资料，我们如今仅知的《缀术》内容有：将圆周率精确到 8 位有效数字、彻底解决了球体积问题及中国数学史上首次引入含有负系数的二次、三次方程式，每一项都是卓越的数学成就。

《五曹算经》《五经算术》

《五曹算经》和《五经算术》是两部内容浅显的著作，数学成就不高，同为北朝数学家甄鸾所作。

《五曹算经》，"五曹"指地方行政业务的五种分科，分别为田曹、兵曹、集曹、仓曹、金曹，本书就是与此相关的算术问题集。

《五经算术》主要阐释儒家典籍中的数字相关问题，但其中的内容有些不免有穿凿之附。

《缉古算经》

《缉古算经》的作者为唐初算学博士王孝通。王孝通对于自己的著作极为自负，曾上书当时的皇帝，称若有人能改书中任何一字，他愿意以千金作为酬谢，并指斥前代数学家如祖冲之等"全错不通"，担心自己一旦瞑目，其高明的数学方法将随之失传。科学家未必都是谦谦君子，但像王孝通这样自大，贬低前贤，蔑视同辈，轻视后学，实是不足取的。《缉古算经》最大的成就是运用三次、四次方程式解决了若干复杂的土方工程和勾股问题，为现存著作中的先例。

《夏侯阳算经》

《夏侯阳算经》原是南北朝的著作，其原本早在北宋之前就已亡佚，今传本实际上为唐代中期的一部著作，因 1084 年北宋秘书省刊刻汉唐算经时，此书开头有"夏侯阳曰"字样，所以被误认作《夏侯阳算经》而刻入。其作者很可能是一位长期从事会计的人，他较早地采用十进小数并发展了筹算乘除法的简化算法，对后世有一定影响。

十部算经是唐初对中国数学奠基时期著作的总结，对于中国传统数学的发展起到过巨大的促进作用。北宋元丰七年（1084 年）秘书省将其刊刻，为世界上最早印刷的数学书籍，后来南宋鲍澣之翻刻，是现存世界上最早的印刷本数学著作。遗憾的是，在明代，其中大部分算经都已失传，直到清代中期编修《四库全书》时，著名学者戴震根据明初的《永乐大典》和南宋本的影抄本才重新整理出"算经十书"。

四、伟大的时代——宋元数学高潮

宋元时期，经济繁荣，思想宽松，各种科技发明层出不穷，在这种背景下，中国传统数学发展至巅峰，涌现了一大批杰出的数学家和

不朽的数学著作。

贾宪

北宋数学家贾宪，是当时数学发展高峰的主要推动者，对此后宋元数学的发展影响极大。贾宪生平不详，只知道他做过"左班殿直"，是一个下级武官，曾师从当时著名的历算学家楚衍，利用业余时间研究数学。贾宪为《九章算术》做过注释，撰成《黄帝九章算经细草》一书，将原来一些抽象程度不高的术文进一步提炼，大大提高了《九章算术》的理论水平。他最为人所熟知的数学成就是创造了"开方作法本源"（贾宪三角）和程序化、机械化极强的增乘开方法。

人们曾以为《黄帝九章算经细草》已经失传，但经考证发现，南宋数学家杨辉的《详解九章算法》实际上是以此书为底本著成，贾宪《九章细草》的三分之二内容因此得以残存至今。

秦九韶

秦九韶，字道古，安岳（今属四川省）人，祖籍鲁郡（今山东省），1208 年至约 1261 年在世。他自幼聪颖好学，对于数学、天文、军事、建筑、水利、诗词、音律、武术都十分精通。秦九韶关心国计民生，主张施行仁政，积极参加抗击蒙古族的入侵，并把数学看成实现上述主张的重要工具，因而遭到了当时权奸贾似道的打压迫害，屡遭其党羽污蔑，最后被远贬梅州（今属广东省），死于任所。

1247 年，秦九韶著《数书九章》18 卷，分为大衍、天时、田域、测望、赋役、钱谷、营建、军旅、市易 9 个部分。本书有两项世界级的重要成就：一是大衍总数术，系统解决了一次同余方程组解法，直到现代，数学大师欧拉、高斯才达到或超过他的水平；二是正负开方术，把以贾宪创造的增乘开方法为主导的求高次方程正根的方法发展到十分完备的程度，西方称之为"霍纳法"。因此，美国著名科学史家萨顿曾赞扬秦九韶为"他那个时代，甚至所有时代，中国最伟大的数学家之一"。

李冶

李冶（1192—1279），字仁卿，真定栾城（今属河北省）人，金末元初著名数学家、历史学家。他青年时便因为通晓儒家经典、擅长文学词赋而被称为"通儒""名家"，考中进士后担任钧州（今河南禹州市）代理州长，清正爱民，广受好评。当时蒙古铁骑南下，踏破钧州城，李冶被迫北渡，开始了战乱中颠沛流离、饥寒难堪的生活。李冶在艰苦的环境中仍潜心学术，埋首于数学和其他经史典籍的研究之中，不曾一日荒废懈怠。生活稍为安定后，他又对洞渊派道教的勾股容圆知识勤加钻研，著成《测圆海镜》（1248 年），这是集中国勾股容圆知识之大成的著作，也是现存最早以天元术为主要方法的数学著作。1259 年李冶又以天元术阐释北宋蒋周的《益古集》，著成《益古演段》。避难生活结束后，李冶在封龙山建立书院隐居授徒。后来元朝统一中国，统治者忽必烈曾多次召见李冶，

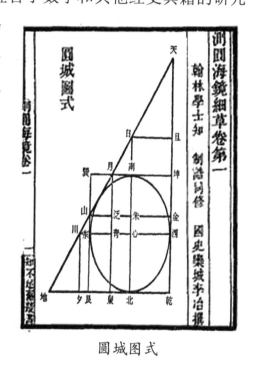

圆城图式

授予翰林学士。一年后李冶以老病为由辞职归山，继续他自由恬静的田园生活，直至去世。

李冶学识渊博，平生著述宏富，除《测圆海镜》和《益古演段》外，还有很多文学、哲学、历史类的著作，如《敬斋古今黈》《泛说》《文集》等。在临终前，李冶对守在身旁的儿子说道："我平生的著述，

在我死之后可以全部烧掉，只有《测圆海镜》这一本书，虽然是被人看不起的九九小数，却是我用心尽力研究的，后世必定有我的知音。这本书，应该会永远不朽地流传下去吧！"

杨辉

杨辉，字谦光，南宋钱塘（今杭州市）人，曾任江浙一带掌管钱粮的地方官员。他为政清廉，格调高洁，喜欢在业余时间研习数学。改进乘除捷算法，发展垛积术，创造高阶纵横图等，都是杨辉做出的重要贡献。杨辉不仅是一位杰出的数学家，还是一位堪称伟大的数学教育家。他著有《详解九章算法》（1261 年）、《日用算法》（1262 年，已佚）、《乘除通变本末》（1274 年）、《田亩比类乘除捷法》（1275 年）、《续古摘奇算法》（1275 年），后三部常合称《杨辉算法》，对明代和朝鲜、日本数学的影响极大。杨辉是元末以前数学著述最多的数学家，他的著作深入浅出，通俗易懂，常配有简单易记的口诀和形象生动的插图，很利于向大众普及数学知识。在数学教育方面，杨辉经验丰富，曾经列出中国数学史上第一份数学教学计划"习算纲目"，相当完整、详细，具有创意。

朱世杰

元代伟大的数学家朱世杰总结了宋元数学发展高峰时期的诸项成果，达到了中国筹算的最高水平。朱世杰，字汉卿，号松庭，生平不详。他在元朝统一中国之后以数学家的身份周游大江南北 20 余年，跟随他学习的人很多，是极受人们尊敬的一位数学教师，1299 年他在扬州刊刻《算学启蒙》三卷，1303 年又刊刻《四元玉鉴》三卷。前者是从九歌诀到开方术、天元术的优秀数学教材。关于二元术、三元术的著作已全部亡佚，《四元玉鉴》是目前唯一保存二元术、三元术的著作。朱世杰又创造四元术（即四元高次方程组解法），将垛积术、招差术发展到前所未有的高度。清代数学家罗士琳因此评价说："汉卿（朱世杰）在宋元间，与秦道古（秦九韶）、李仁卿（李冶）可称鼎足而三。道古正负开方（正负开方术），仁卿天元如积（天元术），皆足上下千古。汉卿又兼包众有，充类尽量，神而明之，尤超越乎秦李两家之上。"

五、寻常百姓家的数学——明代数学

中国传统数学在元代中期之后进入了一段特殊的历史时期，再也没能创造出可与大衍术、天元术和增乘开方法等相提并论的卓越数学成就，甚至还表现出相当明显的退步。此时，汉唐算经大部分已经失传，除杨辉外的宋元数学家的著作也几乎成为无人能懂的天书。例如明代数学家顾应祥，曾对勾股容圆等方面做过深入研究，在当时可称一流人物，但是当他面对李冶的《测圆海镜》时，却完全不能理解其中的天元术内容，反而讥讽李冶"金针不度"（不肯把高明的技法传授他人），让人没有下手之处。可以说，在明代，中国传统数学急剧地衰落了。

是衰落，却不是停滞。

明代的数学家很少像前辈那样苦心精研高深的数学理论，但在为寻常百姓提供实用的数学技术方面，他们却怀有很高的热情。在这一时期，大量的实用算书随处可见，各种数学歌诀、速算杂法等层出不穷，中国传统数学的主流陡然之间从"阳春白雪"转向了"下里巴人"。

原因是什么呢？明代采用八股取士，思想禁锢极其严重，士人们除四书五经外不读他书，更没有闲暇研究素称"难解"的数学了。然而，明代的商品经济繁荣，各名都大邑商贾云集，甚至在苏杭等发达地区已经出现资本主义萌芽。出于商业贸易的需求，方便快速、易学易懂的实用算学在明代获得了极大的发展。明代最为著名的几位数学家，大多出身商人或与商业活动密切相关。例如，吴敬是江浙地区的钱粮算师，整日与商务、经济计算打交道，而王文素和程大位则分别是当时的晋商和徽商。

明代数学最具代表性的著作当属程大位的《算法统宗》（1592 年）。当时，珠算逐步普及并最终取代筹算成为主流计算工具，大量珠算专门著作如雨后春笋般出现，珠算算法得到空前发展。

全书总共 17 卷，前两卷主要介绍了算术基本知识、算盘的定位方法和珠算加减乘除的歌诀；第三卷到第十二卷的章名和体例基本与《九章算术》一样，依次是方田、粟布、衰分、少广、分田截积（属增补内容）、商功、均输、盈朒（nù）、方程和勾股；最后两部分则为"难题"和"杂法"，也充分展现了明代数学的特色。

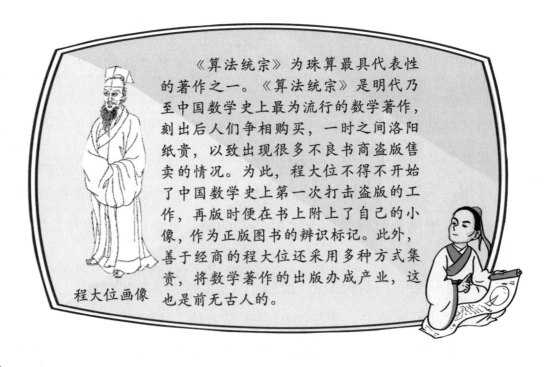

程大位画像

《算法统宗》为珠算最具代表性的著作之一。《算法统宗》是明代乃至中国数学史上最为流行的数学著作，刻出后人们争相购买，一时之间洛阳纸贵，以致出现很多不良书商盗版售卖的情况。为此，程大位不得不开始了中国数学史上第一次打击盗版的工作，再版时便在书上附上了自己的小像，作为正版图书的辨识标记。此外，善于经商的程大位还采用多种方式集资，将数学著作的出版办成产业，这也是前无古人的。

将题目、算法、公式等数学内容编成朗朗上口的歌诀，成为明代算书中的一种时尚。《算法统宗》中所谓的"难题"，实际上就是诗歌形式的数学趣题，它将原本枯燥的数学问题一下子变得生动活泼，趣味盎然。例如：

李白沽酒

今携一壶酒，游春郊外走。

逢朋添一倍，入店饮斗九。

相逢三处店，饮尽壶中酒。

试问能算士，如何知原有？

再如：

赵嫂绩麻

赵嫂自言快绩麻，李宅张家雇了她。

李宅六斤十二两，二斤四两是张家。

共织七十二尺布，二家分布闹喧哗。

惜问高明能算士，如何分得市无差？

所谓"杂法"，指的是各种非主流的算法，其中有些方便易学且用途广泛，有些虽无大用但巧妙有趣，因此在明代也非常受人欢迎。例如宋代时由阿拉伯传入中国的笔算"铺地锦"，就是一种杂法。首先画出一些方格，格子的多少由数字的位数决定；然后按同一方向画上每个方格的对角线。计算时，先将被乘数写于方格顶上，乘数写于方格右侧，然后用右面的每个数字和上面的每个数字相乘，并把乘积的十位数写于相应的对角线上方，个位数写于对角线下方。最后按对角线斜形相加，便得到结果。例如，求 306 984×260 375，铺地锦解法如下：

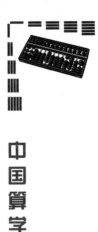
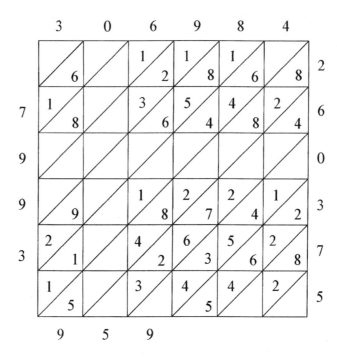

答案是：79 930 959 000。

六、和"洋人"的算学交流
——中西数学会通

16 世纪末，意大利传教士利玛窦远渡重洋，来到万里之外的"天朝上国"。他以尊重中国礼仪文化、积极研究儒家典籍并传播数学、天文学等科学知识作为手段，与明末朝廷中的士大夫广相交游，开展传教活动。利玛窦到达北京后，与翰林徐光启交往尤其密切，他向徐光启介绍了公元前 3 世纪左右古希腊数学家欧几里得的数学名著《几何原本》。

《几何原本》为西方学者研习数学的必读之书，它从少数几个不证自明的基本公设出发，通过一系列的演绎推理，建立了一个公理化数学体系，其在西方的崇高地位如同东方数学家心中的《九章算术》。

徐光启在研习这部著作之后，被其中严密的逻辑推理深深折服。他赞叹说："能精此书者无一书不可精，好学此书者无一事不可学"，"此书为用至广，在此时尤所急需"。不久后，在徐光启的提议下，二人合作翻译完成了《几何原本》的前六卷。他们的翻译精准恰当，影响深远，我们熟知的"平行线""三角形""对角""直角""锐角""钝

利玛窦和徐光启

"几何"原为中国传统数学问题的发问语，意为"多少"。明末利玛窦与徐光启合作翻译欧几里得的"Element"，定名为《几何原本》，在这里"几何"实际上是拉丁文 mathematica 的中译，指整个的数学。后来日本将 geometrie 译作"几何学"，传至中国，自此"几何"成为了表示数学中关于空间形式的学科专用名词。

第三章 数学史话

角""相似"等几何学术语均出自于此。

自利玛窦之后，欧洲传教士接踵而至，将欧洲文艺复兴时期的数学知识大量传入中国，为衰落不振的明代数学注入了新的活力。尽管此时的中国已发生了巨大的变化，明王朝被农民起义推翻，满洲贵族攻入关中建立清朝，但中西数学的交流却并未因此而停止。

清朝初年的康熙皇帝勤奋好学，极具进取精神，是中西数学交流史上一个不得不提的关键人物。康熙帝对于西洋数学抱有极大的兴趣，在他的宫廷中，时常可以看到为其讲授算学的传教士出入。他的数学启蒙老师、比利时传教士南怀仁曾经回忆道："每天早晨我就进宫并立即被带到康熙的住处，往往要呆上三四个小时。我单独同皇上在一起，给他读（几何学）并加以解说，直到中午才能离开。他也常留我吃午饭，并从金

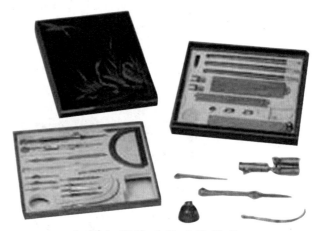

康熙上数学课所用的教具

盘中给我夹些精美的肉。"康熙对于数学较为重视，曾在畅春园的蒙养院特立算学馆来培养八旗子弟，并命令当时的数学家梅毂（jué）成等人编纂了大型算书《数理精蕴》（1723 年）。这部书大量吸收了明末清初以来传至中国的西方数学知识，影响深远，在我国传统数学发展至近代数学的过程中，起到了承上启下的重要作用。

有人从另一个角度解读，认为数学不过是康熙炫耀满洲贵族威信、鄙弃汉人历算的一种工具，甚至认为康熙其实"几乎不理解数学的最基本内容"（传教士马国贤语），还一直试图垄断数学知识，叮嘱传教士不要将数学知识外传。因此，当传教士在中国的活动日渐频繁时，

他便出于政权稳定的考虑而态度日趋保守。雍正即位后，更是采取了极为严格的闭关禁教措施，将传教士（为朝廷效力的天文学家除外）全部驱逐到澳门，中西之间的第一次算学交流戛然而止。

国门关闭之后，清代数学家继续消化吸收之前传入的西方数学成果，进而借助其中的方法理解了宋元数学中的某些高深内容，大大增强了中国数学家的民族自豪感。与此同时，在明代已失传的《九章算术》《孙子算经》等汉唐算经以及《数书九章》《四元玉鉴》等宋元算书之类的前代数学著作也再现于世，无数学者致力于此，或从事校勘，或复原古算方法，从事数学研究逐渐成为清代中后期知识分子中间流行的一种风尚，很多杰出的数学成果被研究出来。

鸦片战争之后，西方列强用坚船利炮打开了清帝国的大门，中国知识分子开始睁眼看世界，积极学习西方先进科学技术。这一时期，西方数学第二次传入中国，种类繁多、内容高深的西方数学著作被大量翻译成中文，其中著名的有李善兰和传教士伟烈亚力合译的《代微积拾级》18 卷、《几何原本》后 9 卷，华蘅芳（1833—1902）和传

李善兰

李善兰（1811—1882），原名心兰，字竟芳，号秋纫，别号壬叔，浙江海宁人。数学家、天文学家、翻译家和教育家，我国近代科学的先驱者。自幼便对数学很有天赋，年仅30 岁便获得创造性数学成果，他在西方近代数学传入之前独创尖锥术，相当于得出定积分公式。

教士傅兰雅合译的《代数术》25 卷、《微积溯源》8 卷及第一部概率论译注《决疑数学》等，解析几何、圆锥曲线、微积分、概率论等西方近代数学知识开始传入我国。

20 世纪初，清政府废止科举考试，采取新学制，中国传统数学进入新的发展时期，融入了统一的世界数学。

结　语

从公元前一二世纪到公元十四世纪初，中国的数学始终在世界上处于领先的地位，是当时世界数学发展的主流。遗憾的是，自元朝中期以后，中国数学的发展进入低谷，远远落后于大师辈出的近代西方。以至于今日的数学课本，一眼望去无处不是"笛卡儿坐标系""牛顿－莱布尼兹定理""欧拉公式"等"洋名字"。这就难免造成"中国数学自古就是落后的"这样一种错觉。甚至，许多人因此得出一个与某些不了解中国数学的外国学者一致的荒谬结论："中国古代根本没有真正的数学。"这些人所谓的"真正的数学"，实际是指《几何原本》所建立的、重视逻辑证明的公理化数学体系。

其实，中国的数学体系与外国的不同，它是一种以应用为目的、以计算为中心、具有鲜明的构造性和机械化特点的数学体系，是中国传统文化的重要体现，也是中国古代人民智慧的结晶，具有明显的东方文明的特色。

东西方两种数学体系各有所长，我们切不可妄自菲薄，以为中国的数学根本无足道。在如今，尤其是计算机出现以后，中国数学不可比拟的优越性越来越多地体现出来；在中国崛起、中华文化复兴的今日，我们也更加有理由相信，中国数学作为中华文化的一个重要组成部分，必定能够走出 600 多年的低谷，重新走到世界数学舞台的中心。

参考文献

[1] 郭书春主编 . 中国科学技术史·数学卷 [M]. 北京：科学出版社，2009.

[2] 郭书春 . 九章算术译注 [M]. 上海：上海古籍出版社，2015.

[3] 郭书春 . 中国古代数学 [M]. 北京：商务印书馆，1997.

[4] 钱宝琮 . 中国数学史话 [M]. 北京：中国青年出版社，1957.

[5] 钱宝琮 . 中国数学史 [M]. 北京：科学出版社，1980.

[6] 郭书春 . 中国传统数学史话 [M]. 北京：中国国际广播出版社，2012.

图书在版编目（CIP）数据

中国算学浅话 / 北京尚达德国际文化发展中心组编. — 北京 : 中国人民大学出版社, 2017.5
（中华传统文化普及丛书）
ISBN 978-7-300-23502-8

Ⅰ. ①中… Ⅱ. ①北… Ⅲ. ①数学史 – 中国 – 普及读物 Ⅳ. ①0112-49

中国版本图书馆CIP数据核字(2016)第238605号

中华传统文化普及丛书

中国算学浅话

北京尚达德国际文化发展中心 组编

Zhongguo Suanxue Qianhua

出版发行 中国人民大学出版社

社　　址	北京中关村大街31号		**邮政编码**	100080
电　　话	010-62511242（总编室）		010-62511770（质管部）	
	010-82501766（邮购部）		010-62514148（门市部）	
	010-62515195（发行公司）		010-62515275（盗版举报）	
网　　址	http：//www.crup.com.cn			
	http：//www.ttrnet.com（人大教研网）			
经　　销	新华书店			
印　　刷	北京瑞禾彩色印刷有限公司			
规　　格	185mm×260mm　16开本		**版　　次**	2017年5月第1版
印　　张	7.5		**印　　次**	2017年5月第1次印刷
字　　数	85 000		**定　　价**	29.00元